相対性理論批判の新しい形

この本を母にささげる
6年間介護をする中で、
私は母の隣でこの考察を進め、
ときに「今こんなこと考えてるんだよ」と語り聞かせた
たぶんなにも理解しなかったけど、
ずっと私の味方だった
あの日々の結実として

方針と前置き

まず言いたいことは、ざっとでもよいので読んでみてほしいということだ。当たり前か。

相対性理論が間違いであることを、異論の余地なく、万人に納得できる形で示せていると思う。それは猫がニャアと鳴くとか、太陽が東から昇るとかいうことと同じくらい、全く疑問の余地がないレベルの論述であって、伝聞その他の証拠に頼っている部分はない。解釈次第ということもない。

いやに自信たっぷりではないかとの反感もあろうが、そうではなく、私程度の頭脳で思いつくことなのだから、むしろ明白すぎると思われるのだ。それだけのことに過ぎない。最近でも、ブラックホールの写真が撮れた、重力波が検出できた、あるいはカミオカンデがノーベル賞を受けたなど、相対性理論を支持するニュースが相次ぎ、世界中で最も頭がよい人たちがこの理論を信奉している。それでもめげることなく間違いと言い張るのは、自信でも傲慢さでもなく、ことのあまりの明白さによるのである。

もちろん読者が説得されるかどうかは別問題だ。これは無責任から言うのではない。世に出た反相対論の文章というのはどれも、これが科学の発展を阻害するものであるから絶対的に排除すべきである、というきつめの論調になっている。私はそこまで真っ向から強弁するつもりはなく、ただ単にぬぐい切れぬ私の疑義を共有できたらよいなという程度の気持ちだ。その結果、大多数は私の血の巡りの悪さに苛立つことになるのだろうが、ごく少数、こういう論じ方もあるのかと思ってくださり、賛成してくれる人がいるかもしれない。

そもそも、私は相対性理論にはそれなりの価値があったと思っている。ただしそれはジョイスの小説やジャズのようなもので、人間の生活を豊かにした1つのカルチャー現象として評価するのである。この思想が人々を刺激し、SFをはじめとする膨大な二次創作の世界を生んだ。世紀をまたいで心を魅するフィクションであり続けた。これは決して皮肉ではない。

しかしさすがに評価されすぎたと思う。学問を支配するには、あまりに矛盾が多く、この上この理論の検証だけにたくさんの頭脳と資金が無駄にされるのはどうかと思われる段階になった。そして二次創作の元ネタとしての魅力も、幾分飽きられつつあると私は見ている。

相対性理論はアインシュタインの思考実験によって成立した、文字通りの机上の論である。であるなら、これに費やすのは紙と鉛筆代だけで十分ではないか。人々の常識のままであってはならない。

それらのことを、微力ながら文章に残そうと思うのだ。自分の考えを人に授けるという尊大な気持ちはない。相対性理論の間違いはあまりに明らかであるように私には思える。しかしそれが通用しているということは、何かとてつもない考え違いにはまり込んでいるのは私の方であり、一種の狂気に陥っていはしまいかという不安にずっと悩まされ続けた。どちらかというと、私の素人考えをぶつけてみて、正しい答えがあるなら知りたい、という心のほうが強いかもしれない。

これが私の妄想であるとしても、最低限楽しめるユニークさはあると思うのだ。

相対性理論とは、もう名前だけは誰もが知っていると思うが、ニュートン力学に取って代わる、20世紀の初めごろに発表された革命的な物理学理論である。それまでの物理学は、時間と空間を不動の枠組みと考え、その中を物質がどのように動くか、ということに注目した。ところが相対性理論はその時間と空間が、見る者によって全く違った長さに変わり得ると言った。その理論的成果がビッグバン宇宙、ブラックホール、あるいは仮想的存在としてのタイムマシンなどに結実し、それらは現在のところ半ば常識的な世界観を形作っている。

でもこの宇宙観は事実なのだろうか。たとえばブラックホールがあると信じる人は、なぜそんなものが存在するのか、理論として知ったうえで信じているのだろうか。単に世界的な著名人がそう言っているから正しいと思い込んでいるだけではないか。

疑いを持つ人は常に存在した。前世紀の終わりごろ、相対性理論は間違いであるという文章がいくつも発表され、それなりに盛り上がったが、最近は下火になったようだ。論点はある程度出尽くした感がある。現在その最も明快な形は、セルゲイ・ニコラエヴィッチ・アルテハ（Sergey Nikolaevich Arteha）の「物理学の根拠（批判的な眼差し）相対性理論の基礎に対する批判」という論文（ネット上に公開されており、自由に読むことが可能）にまとめられているが、あの行き届いた考察で説得されえないとしたら、もう科学的に言えることはあまり残っていないのかもしれない。

日本で発表されたいくつかの反相対論本は、「トンデモ」「オカルト」というレッテルによって片付けられ、読む人も少なくなった。

その理由についてはいくつか感じるところがあるが、それは枝葉の問題だからわきに置き、まずは新しい視点で見直す段階に入ったと言えるのではないだろうか。

その方法論は、どうぞ白けないでいただきたいのだが、科学的手法からできるだけ離れたところで考えるということだ。そしてさらにばかにされる恐れを承知で言えば、そこに付随する複雑な数学がむしろ相対性理論の神秘主義を人々の目から隠す役割を果たしたと主張したいと思う。

議論に必要な知識をまず掲げておく。語るべきことがあまりにも少ない上に単純なので、とりわけて注釈を入れる必要はないだろう。唯一の心配は、あまりに簡略すぎて私が悪い冗談を言っていると思われかねないことだろうか。

相対性理論（以後、相対論と略す。一般と特殊の区別が必要な場合は明記する）の主眼は次のことだと思われる。すなわち時間と空間は諸々の事情によって曲がり、その曲がり具合が内容物つまり私たちが存在するものと見なすあらゆる物理的実在に影響を与えるということ。ひいてはこの実在物どうしの関係、つまりすべての現象が多かれ少なかれこの時空の歪みに影響を受ける。

相対論の論文群は「特殊」と「一般」の2つあるが、特殊相対性理論では空間中にある物体が移動することでこの物体が進行方向に沿って縮み、またその速度に応じてこの物体の固有時間の進みが遅くなり、そしてもう1つ、速度が上がることで質量が増えると論じられる。解説書によく出てくる例は、高速の宇宙船の内部では時間の進みが遅くなるというものだ。外宇宙から帰還したパイロットは10年の旅のつもりだったのに、地球ではすでに100年単位の時間が過ぎており、彼は遙かに進んでしまった地球文明に適応しきれない、という空想は20世紀を通じて最も多く語られた物語の1つだろう。

もう一方の一般相対性理論では、質量のある存在そのものが周りの空間を歪めるとされ、この歪みが重力と呼ばれる。つまり重力とはいくつかの物体が互いに引き合うことではなく、それぞれが作る空間の歪みに相手を取り込むことであるとされる。要するに、どちらの理論も時空間の曲がりが宇宙のあらゆる現象を解読する基礎概念なのだ。

これらのことを、数式を使ってきれいに整理した形で表現してあるわけだが、数式の方は当面理解する必要はない。相対論について知っておくべきことは以上に尽きる。一応整理しておこう。

1　どの観察者から見ても、光は一定の速度を持つ。光源に近づく者が光を速く認識したり、逆に遠ざかる者が追いかけてくる光を遅く感じたりすることはない。また、光よりも速い物理的実体は存在しない。

2　運動する物体は質量が増える。光速度に到達すると計算上無限大の質量になるので、光速度で移動する物体はあり得ない。

3　動いている物体は、進行方向に沿って長さが縮む。この見かけは相互的なので、私が短いとする相手の物体側の視点では、私こそが短く見えている。

4　動いている実体にとって、時間の進みは遅くなる。動く速度が光速度に達すると、全く時間のとまった状態になる。

まだ出てくるかもしれないが、それはその時に書く。いずれも、なぜそうなるかということの複雑な計算は今のところ考えない。これらはあまりに常識的な知識として定着しているので、まずその平易な説明をそのままに受け取ってあれこれ思考すればよいと思う。

本当に、これだけなのだ。従来の批判は、なぜ時空が曲がるのかという考えの成立過程を問うことに傾きがちだった。いわゆるローレンツ変換式（注1）が光の性質から時空の曲がりを導く考え方を支えるとされていたため、これを検討することが不可欠であったわけだ。しかしこれは批判としてあまりうまいやり方とは思えない。難しい数学の問題を解いた時、誰もが達成感を味わう。相対論においても、難解な数式を理解できたという満足が、重要な信仰理由の一部であることは間違いないと思われる。

またそれは批判者が、自分の方針をつかみきれていないと私には見える。難解な数式を理解したということは、実はその数式によって確かに時空が曲がる、ということまでは理解したことにはならない。たとえば人間が2本足になった過程を描く説明する理論と、人間は4本脚のままであることを同じく進化論を使って一分の隙も無く証明する理論があったとき、それでも後者を支持する人はいない。必要なのは2本足であるかどうかの言明だけだ。それを相対論に置き換えてみよう。式の複雑な計算からブラックホールが結果として出てくる。もしそれを批判したい場合、その計算を検討して「ここの計算が間違っている」、あるいはもっと根本的に、式自体が間違いであるという理屈を述べる必要がある。そういう思い込みが私たちの中にありはしないだろうか。でも本当に必要なのは、「ブラックホールなどというものは存在しない」という言明に尽きる。しかし、そんなことが可能なのだろうか。

以下のことは、理論が飛躍しているので、説明として不十分だと思うが、先にある展望の1例として書いておきたい。あらかじめ種明かししておくと、理解できないという感想が正しくて、理解できた気になってしまうとすれば、むしろ注意が必要だと私は言いたいのだ。

相対論における重力は、空間の移動として理解できる。ものが移動するのではなく、空間が歪むなり縮むなり、そこを何と表現するべきかわからないが、ともかく空間の側の何らかの作用として考えることを許す。有名なエレベータの思考実験があり、その中では筐体内部のものが、重力によって床に押し付けられているという事態と、エレベータが無重力中を上昇してものが床に押し付けられているという事態は等価であるとされる。つまりここから重力は空間の作用であるという見解になる。少なくともイコールではある。

重力は空間の歪みである。ここまでは多くの人が聞いたことのある言葉だろう。すると、ブラックホールというのは、空間がねじれにねじれ、この3次元ではないどこかにまでつながった深い穴の中にものが引きずり込まれてゆく状態であるということだ。何となく、わかったようでわからない説明だが、ともかくそういうことだ。

それは良いとしても、相対論が視点の相互性を掲げている（先に掲げた4つの基本的知識のうちの3番の通りである）以上、そのねじれの向こう側から眺めた場合、逆にねじれているのはこちら側ということになる。あちらさんが空間的に遠ざかっているると等価原理により定義できるのであれば、逆にこちらが遠ざかっていることにもなる。つまり私の考えでは宇宙の中にブラックホールが存在するのであれば私たちの日常生活の場もブラックホールの内部でなければならないということになる。

それはあまりに無意味な意見なのでブラックホールは存在しないという結論が妥当であると思われる、というような発想が出てくる。このような思考法でゆくのであれば、数式はあまり意味を持たない。

ここでの重要な論点は、ある数式によってなぜブラックホールが存在することになってしまうかということは、本当は理解ができなくて当然だ、ということである。上に書いた重力の説明や空間の歪みの話は、全部がたとえ話になってしまっていて、よくわからないという感想しか浮かびようがない。そこに数式が書き添えてあったとして、それで理解した気になれてしまうとしたら、さらに悪い状態ではないか？　だから理解できないことに戸惑わないでいただけるとありがたい。相対論が理解できないのは、それが現実的ではないからである。しかし多くの人が理解できた気になっている。なぜそんな気になれるのか。そこに立ち止まって論じることが重要な目標だ。理解できないという愚直すぎる直感のほうが、実は正しい場合もあるということは、なかなか私たちのような凡愚の立場からすると言い出しにくいことではあるのだが、ここはあえて傲慢に行くしかない。その気持ちは共有してもらいたいのだ。

1つだけ補足しておきたい。視点の相対性ということばかりが取り沙汰され、相互性という問題を深く突き詰めた研究はあまり見ないようだ。相互性とは、たとえば私の乗った宇宙船が別の宇宙船とすれ違う際、私があちらの宇宙船を短く認識し、それと同様にあちらの乗組員も私の乗った方を前後に縮んだ形で認識するということである。彼らから見た私の側の縮みがいかなる物理的な意味を持つかを考えると、これが深刻な問題であることが理解されるはずだ。相対性と相互性とが、特に意識して弁別されることなく、相対性だけ問題にしておけばすべてが解決しているかのような、いい加減な思考態度が見えてくるのではないだろうか。

ところで、私は単純に批判したいのではない。哲学の本領は生きる意味を問うことである。その意味を考えるにあたって、現代にはびこる悪弊は、科学的世界観を背景に考えてしまうというところではないか。実のところ、科学の目覚ましい成功は科学技術の達成であって、科学的世界観の正しさではない。唯物論すなわち科学的世界観の一変種では世界を説明しきれない。これは、あまたの宗教家や思想家の説くところだろうが、しかし結局彼らも科学的世界観を否定しきれない。したがって発言も弱い。むしろ仏教の教えは量子論に通ずるなどと言いだしている。ひところ、ビッグバンが天地創造説を科学的に証明したと言われたように。

媚が見え隠れする論説に、誰が心を動かされるのだろう。

相対論を、冒頭に掲げた最低限の知識だけで論じていくということについて、私は2つの方針を立てておく。1つ目は、できる限り数式を出さない、こだわらないということ。これは初心者にわかりやすくするということではなく、相対論の間違いは数式の外にあり、数式を検討することはそもそもアインシュタインの術中に嵌ることであると考えるからだ。

2つ目は、相対論の間違いは日常の経験内で検証されうるということ。相対論支持者たちは、相対論とニュートン力学との差は、かなり特殊な条件、例えばほぼ光速度まで加速された粒子であるとか、巨大な重力場であるとかでなければ目に見える大きさにならないと言い続けてきたが、それは全くの誤解であるとここで主張したい。さらには、超高性能の原子時計あるいはマイケルソン・モーリーの実験に使われた精密機器も、日常的な経験には含めない。大方の人間には、そんなものに触れる機会は一生訪れないのだから。

まず1点目について。ひとつ厄介な誤解は、相対論が時空の伸縮をすでに証明したとする先入観だろうか。私はそれらの研究はすべて偏った見方に基づく恣意的な結論であると信ずるものだが、それをいちいち証明することは難しいと思われる。この部分は、実際に観測に当たっている当人たちにしか正確なことは言えないだろう。たとえば水星の近日点の移動について、観測者がデータを捏造して相対論の趣旨に沿うように書き換えたことが伝聞されているが、これは本当のところはわからない、としておくのが正しいと思われる。少なくとも、相対論を無効とするに足る情報ではない。

その他、マイケルソン・モーリーの実験に対する解釈、最新の原子時計が重力による時間の遅れを証明したことなど、いろいろあるが、ここでは検討しない。賛成反対、どちらの言い分を読んでも、「そういう解釈も可能だよね」という感想になってしまう。

現代人は、最先端科学における実験の精度についてかなりの過大評価がある。そこが心配点ではあるのだ。1個の光子が左右どちらのスリットを通過したかなんてことは、今も、そしてこれからも確定的なことを言える段階までは進歩しないだろう。ましてや、半分ずつの存在となって2つのスリットを同時通過するなどということは絶対に目撃の対象とはならない。それらは量子論という強力なフォーマットを通した「解釈」である。

考古学や歴史学は、極めて断片的な証拠の積み重ねで目に見えるような物語を築いて見せる。だから1つの新事実や1つの解釈で全く別物になる。たとえば邪馬台国は近畿にあったか、九州なのかという論争があるが、そもそも三国志魏志倭人伝は、魏の国威発揚のために様々な作り事が混ぜ込んであるから信用に値しないという学者も多い。著者である陳寿の知識不足も指摘されている。つまり思った以上に解釈の土台そのものがあやふやなのである。私たちは邪馬台国を実際に確認したうえでその成り立ちを考察するのではない。その実在は複雑な理論構築の末に、単に想像される。量子論や相対論においては、もしかしたらそれ以下の状況であることは承知しておくべきなのだ。まず説明するべき事象があるのではなく、事象そのものが量子論、相対論による解釈の末に作られた予想図に過ぎない。

たとえばブラックホールの写真なるものが拡散されている。銀河中心がブラックホールであるという理論があるから、あのぼんやりした光の環っかがブラックホールとされるのだ。理論が間違っているなら、「銀河中心部の天体」の写真でしかない。写真は、理論の正しさまでは保証しない。あれは、オーブが写り込んだからここには死者の霊がいくつもさまよっている、ということと同じくらい、理論の飛躍があると思うのだ。むろん、だから間違っているなどと言う暴論を吐くつもりなのではない。これはブラックホールにも、オーブについても等しく言っている。疑問があるとさえも、この材料だけでは言いたくない。ただ単に、理論の飛躍があると言いたいのである。そして、現物を実際に目で見、手に取って、そこから探求が始まる他の科学分野とは別物であるという認識が必要なのだという、単にそのことを確認しておくだけだ。

2点目の、通常経験において相対論は検証されるべきということについては、これが可能でなければ相対論の反駁は達成されないことだろう。相対論が実証されないという逆の場合も、実は成立するのだが、そちらのほうは誰も納得しないと思われる。例えば、ブラックホールはあくまで計算上の存在であり、現状でその真偽を確かめることはできないにもかかわらず、事実として通っている。存在を証明するのは簡単で、観測機器をブラックホールに吸い込ませてみればわかるのだが、もちろん今の技術水準では無理であり、なおかつ相対論が事実なら光速度を超える宇宙船も作れないはずなので、ブラックホールであるとされる場所の直接的な情報を人類が得ることは夢に終わる可能性が高い。すなわち、宇宙論で相対論の間違いを納得させることはなかなか難しいものと思われる。

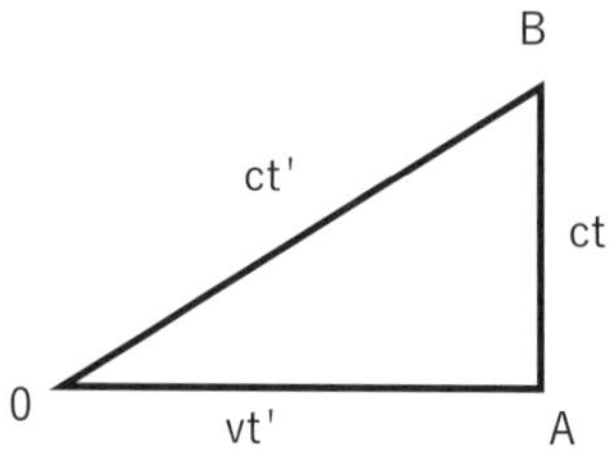

なお、表現について。初め、目上の人に丁寧に接するつもりで書き始めたが、全体の字数を減らすため、ぶっきらぼうな「である」調に改めた。偉そうな物言いに読めるとしたら本意ではなく、申し訳ない。

注1　ローレンツ変換とは、ざっくり言うな

ら、異なる運動状態の観測者に光が同一の性質であるためには、他の因子をどう調整すればよいかを示した関係式ということだ。

右図の、原点からものすごい勢いでAに向かう乗り物があったとする。乗り物から上に光を放射する（cが光速）。vt'の移動（乗った人の時間感覚ではvt）を果たしてAに到着した時、車外の人には光がct'の軌跡でBに到達したと見えるが、同じ光は乗り物に乗っているとまっすぐ上に向かうctの軌道に見える（とされる）。3辺の関係式は$(ct')^2=(vt')^2+(ct)^2$となる。つまりピタゴラスの定理だ。それを分解し、組み直し、さらに4次元的に展開してあれこれ言うことが相対論であると思えばよい。ct'という軌道が、乗り物からだとctに見えるという部分が間違いであると言いたい時、これらの数式を使って反論することは無理ではないだろうか。数式を理解する必要がないというゆえんである。

目次

第1部　相対論における空間の問題

相対論という難攻不落の城に、時間の側から攻めるのか空間という入り口を選ぶのかを問われるなら、空間論から始めることが正解であると迷いなく言える。古来、時間論は数多く語られたが、哲学としての空間論はそれほど類例を見ない。時間という概念の難しさを表すものだと思う。

ただし、それは必ずしも自然において時間のほうが複雑であることを意味しない。どちらかと言えばより単純であり、この余りの普遍性が手に負えなさの一因なのかもしれない。単純であるがゆえに、いろいろ不必要な観念で飾り、ことさら不可解に描きたくなるものなのだろう。

たとえば私が日本の片田舎でベロ・オリゾンテの大通りを歩く白昼夢を見たとして、距離の壁を越えたという思い込みは持たないが、記憶は時間の性質の1つと考えられている。これは不思議なことだ。空中浮遊の夢を見たからといって、重力は否定されたと考える人はいない。しかし記憶によって過去との何らかの関係を持つと思う人は大勢いる。時間だけがあたかも、人間の思い込みによる勝手な属性を付与されるようではないか。

相対論においてもこの事情は変わっていない。お互いの時間進行が遅いものと認識される、ということは、すれ違うどうしはお互いを縮んでいるとみなす、ということと全く同型である。ではなぜ時間の側にはパラドックスが考案され、空間についてはは無視されるのだろうか。

それは簡単に言ってしまえば、相対論の非現実性や、誰にでも理解できるはずの矛盾を、全部時間のあいまいさの方へ押し付けてしまえば、なかなかその事実を指摘しにくくなってしまう、ということだと思う。人はすでに、時間の概念に対して、難しくひねりすぎる、ことさら難解に解釈したがる、という歴史を持っている。

いや、誤解しないでいただきたいのだが、時間について、難しい点などないと言いたいのではない。自然現象を正しく理解しようとすれば、すべて難解であり、時間ももちろん例外ではあり得ない。ただし時間は常に自然現象の分析という範囲を超えたところから語られてしまう。

すでにいくつもの「謎」、パラドックスが相対論の時間概念の上に築き上げられてしまっており、むしろ、それらの存在こそが相対論の偉大さを証明する、というところにまで人々の認識が至っている。矛盾があるのだから、その理論は間違っている、と正しく言うことは非常に困難だ。

空間についいては、まだしも矛盾を矛盾として理解してもらえる余地がある。時間については、矛盾をまずはパラドックスという形で人は理解してしまう。そしてパラドックスとは、いずれ解ける形式的な矛盾に過ぎないという意味だ。

恐らくタイムパラドックスの解決が相対論を語るうえでの最重要トピックということになるだろう。これは、理論を理解しようとする人、批判する人ともに、そういう気持ちがあるはずだ。そこにこの理論の謎めいた核心があるのだから。

そこは第2部に譲り、初めのほうにそれにとりかかるためのいくつかの章を置いた。私にはこの順番が理解しやすく、説得力も増すと思えた。しかし、自分で書いておいて何だが、興味をひかれそうにない部分もあるかもしれない。飛ばしながら読むという選択もありかと思う。

1　沈みこむというイメージ

前置きの部分で重力のことに少し触れたので、その続きから始めよう。私も人並みの好奇心から、SF的興味で相対論の作る世界観を楽しく眺め、宇宙ってなんて不思議な場所なのだろうと讃嘆していたわけだが、最初のころからある1つのことが引っかかったままであった。

それは多くの人が必ずどこかで見かけたであろう、重力のイメージ図だ。1枚の架空の方眼紙が、中央に乗った天体の重みで擂鉢《すりばち》状にくぼむ、という形をしている。もちろんこれは空間の曲がりを表現しており、小さい天体をここに放り込んでやるとアリーナ状の斜面を滑り落ちて中央の大きな天体に吸い寄せられて行くところまで想像できてしまう。それで空間の歪みによる重力がどういうものかを説明したことになると言う。私が初心者向けの科学書に親しんだのは遠い過去の話なので、知見として古いと思っていたが、最近の本を見ても相変わらず同様のたとえ話に頼っているようだ。たとえばBrian Greeneの"The Hidden Reality"。この本にはGPS信号が相対論に基づく計算で運用されているという、さすがに現在では完全にデマと判明している情報まで盛り込まれている。

1枚の方眼紙宇宙には、上下方向が存在しない。しかし最初から下に向かって沈み込む画を見せられ、小天体は斜面を滑り落ちることまで前提されている。すなわちすでに重力がこの図全体に利いていることがイメージされている。肝心の、重力とは何かということを説明しているつもりらしいが、実は先入観の中にあらかじめ設定されている。すなわち、下に落ちる、という直観である。例えば柔らかなベッドに乗れば沈み込むといった、当たり前の感覚をこの図は利用している。物は下に落ちる、ということをそのまま理論化したのはアリストテレスだが、要するに相対論の重力理論は天動説と同レベルの原始的直観に基づいているのではないか。

1つ譲って、重力は自分の中に沈み込む力であるということは認めるとしよう。つまり例の図において下向きの力はありうるとする。これによって離れた2つの物体は引き合うことになるのだろうか。大天体の作った斜面を小天体が滑り落ちてゆくと想像するとき、実は小天体の方もおのれの重さで穴を穿《うが》つことを忘れてしまう。小天体はその穴にはまり込むのであって、全体が大天体に引き寄せられるようにするには、その穴自体が移動しなければならない。

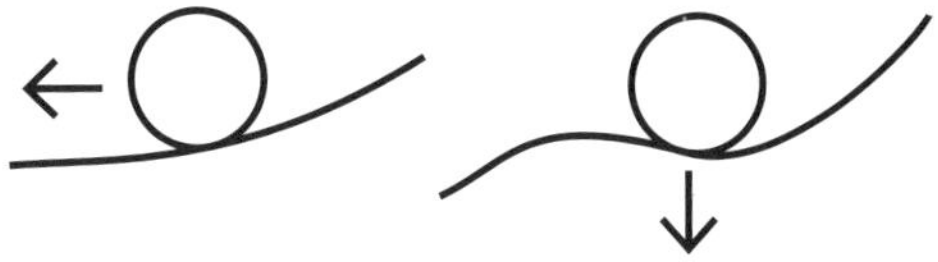

つまり上図の左側なら小天体は大天体に引き寄せられる。しかし右のようになると考えるのが普通ではないか。とすると、歪みが引力として働くためにはそれがゴムシートのような材質であるという、相当に都合のよい想像を強いられる。材質とはこのたとえ話の場合に空間そのものであるということなので、空間がまさにゴムのような復元力を持つ一種の物質であると、この想定全体は仮設するのだ。しかし、奇妙なまでにこの作り話に私たちは違和感を抱くことなく付き合ってしまう。

結論は簡単だ。大きな天体と小さな天体が互いに引き合う力を持つとすることが、重力の唯一あり得る明快な説明なのであって、両者を載せる方眼紙の歪みに重力としての意味を持たせることはできないのである。もちろんこれは重力という概念について新規なことを何も言ってないわけだが、事実としてそれ以上のものはないのだ。重力をもたらすグラビトンなる粒子が存在するや否やということはこの話には無関係であることはご理解いただけるだろう。グラビトンが存在するなら、それは2つの天体を引き寄せ合うのであって、空間を歪ませる訳ではないということだ。つまり2つの引き合う球体があるなら空間が歪むなどと言わずにいかなる引き合い方をするのかを描写することが唯一の正しい思考法だと思われる。

　重力があるからアリーナ状の斜面を滑るのであって、それがなければ斜面の途中だろうが縁だろうが小天体は止まっているはずなのだ。たとえば太陽のそばを小天体がよぎるとき、その軌道が曲げられてしまうことを空間の歪みのせいと言われると少し納得できる気になるけれど、地表にある石がやはり空間の歪みによって引きつけられ続けているとは、いかなることだろうか。静止状態にあるものに対して、空間の歪みは意味を持つことはできないのではないだろうか。

　以上のことは、一般向けの科学解説書に出てくるたとえ話の羅列にすぎない。小学生から中学生にかけてのどこかで、そのような記事に接して、納得できるようなできないような、微妙な感想を抱いた。もっと核心を衝いた重力の解説がほかにあるのだろうとは感じたが、さすがにそれは当時の私の手に余るに違いないと思うと追いかける気がしなかった。

　だが年を経て、いくつかの論文を読み、アインシュタイン自身の文章にも目を通し、これはたとえ話などではなく、重力理論の中心的な着想そのものであることを悟るようになった。いや、たとえ話なのだ。しかし語り手はこれが事実であると言う。人はおそらく一般相対性理論の難解な数式に恐れ入って、異を唱えることはしない。しかしあの複雑な数式は、なんのことはない、擂鉢の形すなわち時空の歪みの形を表現したに過ぎないのであって、なぜ擂鉢ができるのか、なぜその擂鉢の斜面を天体が転がり落ちるかについての説明はそこに含まれていないのだ。「重力が時空を歪ませる」という言明文は、単なる決めつけであって、その仕組みを表すものではない。

つまり、平面にくぼみが生じること、すなわち時空が歪むことで、重力が生まれるなどということはないのではないか。それは図から受けるイメージだから。おそらく多くの人はこれが私の簡略すぎるたとえ話であり、時空の歪みによって重力が生じるメカニズムについての説明がどこかに存在するはずだと思うことだろう。少年時代の私の感想と同じだ。しかし何処まで調べていってもたとえ話しか出てこない。

これは、発想の根源がたとえ話であるから、私の批判もたとえ話にしかならない。擂鉢の材質を論じることに実質的な意義は存在しようがないのだ。しかしこれはそもそもの重力論が空間の性質というものを全く思考の外に追いやっていることが、この擂鉢への置き換えによって明らかになっていると考えるのが正しい。すなわち、時空が歪むということの意味を私たちはよく知らないまま、それが重力を生むことだけは信じるのだ。

普通は今更小難しい原典に当たることなどないだろうから、空間の歪みと重力の因果関係について、一般相対性理論の論文群に説明があると信じる人が大半なのだろうが、そんなものはどこを探してもない。運動エネルギーと重力は同じであるという唐突な宣言が論文の冒頭にあるのみだ（Entwurf einer verallgemeinerten Relativitätstheorie und einer Theorie der Gravitation、「一般相対性理論および重力論の草案」）。つまり、エレベータの思考実験論文（これは後述する）において不一致点を強引に切り捨てて同一視したことを、続く論文では証明済みの既成事実としている。論文群が互いに既成事実化しながら問題の周囲を回っているだけである。

重力を運動エネルギーという形でのみ発揮できる条件を与えれば、当然そのほかの運動エネルギーと同じものにしかならない。電気をモーターの回転という環境でのみ発揮できるようにして、電気とは回転する力であると結論することは無意味だ。この冒頭部分が言っているのはまさにそれと同様の決めつけだろう。そしてまた唐突に、重力は空間の歪みであると宣言される（同前）。だが擂鉢状のくぼみは重力を前提する限りにおいて、そしてその材質についてかなり微妙な条件をつけて初めて重力を生むのである。空間の歪みも大きな天体が小さな天体をたぐり寄せる力を前提としてのみ意味があるものになる。もっとも、この頃の書物は以前より少し用心した表現になっており、歪みに沿って移動すると書いてあったりするが、なぜ歪むのかについて不明であることは同じだ。

擁護者はこのことについて「アインシュタインは思考実験を繰り返した結果云々」と言うわけだが、彼はひらめきに夢中になってしまい、検証を忘れている。「時空の曲率」などという神秘めかした概念が説明を与えていると錯覚しているだけのことなのだ。

2　思考実験という話芸

相対論の空間把握が最も見えやすい、有名な思考実験を取り上げる。当該論文は“Über der Einfluss der Schwerkraft auf die Ausbreitung des Lichtes”１９１１、邦題は「光の伝播に対する重力の影響」。

これは重力場の中を自由落下するエレベータと、無重力空間を上方移動するそれとの比較において、重力を空間の移動として定義することを試みる、有名な思考実験である。相対論を民衆に膾炙《かいしゃ》せしめる重要な役割を持つ提案だが、拍子抜けするほど単純な詐術に過ぎない。現実めかした表面的な記述は、なぜこれに人々が真実味を見るのか、むしろ不思議に思える。

まず直方体の箱を想像していただこう。要するにエレベータだ。これを自由空間の中で上方向に引き上げることで、箱中の物体に疑似重力を生じさせることが可能である。しかし必要なのは床面のみであって、箱の内外に区別をつける理由はない。物体に直接ひもをくくりつけて持ち上げても効果は同じだ。しかし上昇するエレベータの想像図から私たちが得る直感は、内部空間の移動が物体を動かしており、外部空間との差が重力となるということだろう。つまり空間と空間との関係に注意を奪われる。しかしよく反省してみればわかることだが、エレベータに乗った私たちが加速を感じるのは床の移動があるからであって、空間が移動するからではない。まさに語り方の勝利というべきだろうか。

これと同時に、重力場の中を自由落下するエレベータを想像するよう促し、それによって内部が無重力であることを主張する。だがそちらはあえて箱を用意する必要はなく、物体が重力場を落下し、計測者や計測器も一緒に落下していれば重さは消える。これを図に起こし、下部の重力源を描くと、空間がその重力を打ち消すという印象を与えやすくなるかもしれない。

この仮定において、空間の持つ性質が十分に検討されないまま話が進む。おそらく多くの人はこの思考実験においてエレベータの内部空間を外から独立した空間とみなすのだ。したがってエレベータ内の無重力、および疑似重力をこの空間の移動がもたらしたものであるという錯覚を持つ。

しかしいずれの場合にも純粋に物理学上のことを言うなら、箱の内部と外部を分けなくとも同じ効果が得られるのであり、内部を独立した空間とみなす理由はない。むしろ内外で連続的であるからこそ、疑似的な重力、無重力が得られる。すなわちこの例で空間というものは何の役割も演じない。にもかかわらず、疑似重力、疑似的な無重力と空間とが1つの図の中に空想されることで、空間が何らかの影響を及ぼすという、かなり漠然とした印象だけは残る。

ザルにひもをつけて持ち上げる、金網をエレベータ代わりに使う、そのような場面を想像すればよい。力のかかり方はしっかり金属の壁で囲まれたエレベータの場合と全く変わりないはずなのに、空間の移動が重力を生むという印象はわいてこないと思う。ここで疑似重力として扱われるのは、引き上げる力に対する抵抗だ。すなわち作用と反作用の問題であるにすぎない。では上に引き上げるのではなく、横にひいても、あるいは押しても同じ効果が得られるはずなのだ。だがその描写だと重力という錯覚は生じない。単に押す力と引く力が等しいということが強調されるだけである。

また、この描像は上向きに移動しようとするエレベータ（の床）の力に対する物体の抵抗であり、ここにかかる運動エネルギーはどちらかと言えばエレベータ（の床）が地表から離れようとしている力になる。要するに重力は斥力であることになってしまう。

一方の自由落下する物体の場合だが、空間の何らかの動きが重力を生むということであれば、地面と物体は常に同じ距離にあらねばならないだろう。なぜなら空間とは物体と地面をはるかに超える全体のことであって、地面と物体間の距離ではないし、ましてや物体の周囲にエレベータの箱のごときされいな境界が描けるわけではないからだ。人が地面に立って、目の高さから物を落とすとして、なぜ人は縮まず物と地面の距離だけが短くなるのか。地球の引力が空間の伸縮作用によるものではないからだ。人も同様に引っ張られており、それは体の各部分で空間の上方向への移動が生じているからである、などということが信じられるものだろうか。

誰にも理解できる重要なことは以下の通りだ。エレベータの内外が連続した、1つの空間であるからこそ疑似的な重力や疑似的な無重力を、人工的に作ることができるのであって、エレベータは決して相対論のいう意味での独立した運動系などではないし、ましてや独立の空間を内部に持つわけではない。

ところで、この有名な思考実験が披露された論文では初めから「局所的に一致する」という遁辞《とんじ》が使われている。なんのことはない、空間の歪みは重力の十全な説明にはなりえないと言っているのだ。不思議なことにこの逃げによって、アインシュタインは十分に理解したうえで不一致の部分を除外したという気持ちに、読者は誘い込まれてしまうようなのである。誰も局所的でよいという理由を問わないのだから、たぶんそうなのだろう。でも、アインシュタインはその部分について考える気はなかったのだと思う。

だが支持者が放っておいてよいはずはない。結果として、人は重大なことを考慮の外に追いやってしまい、「基本的に重力は空間自体の加速現象とみなせる」という、非常に不合理な考え方を支持することになる。除外された「基本的ではない」部分のほうが、もしかしたら重要かもしれないではないか。

彼はなにを除外したか。重力と、重力のない場所で上向きに加速されるエレベータが同じであるはずはないのだ。なぜならエレベータをそのまま加速し続けるなら容易に光速度に近づいてしまうことになり、相対論が正しければ中にある物体はすぐにとてつもなく大きな質量を持つことになる。これに反して地上にあるものは数億年、数十億年重力にさらされ続けながら、そのままの状態だ。なんなら、永遠に安定した状態であることも想像できる。たとえば1つの惑星が何らかの事故で主星の引力圏を離れ、幸運にもあらゆる他の星との衝突を免れて放浪を続ける、その表面に置かれた岩。この岩にかかる重力の状態を、永遠の加速下にあると見立てることはさすがに無理だろう。

地表にある物体にかかる力を強いて理念としてまとめるなら、以下のようになる。地球から逃れようとする動きに物体がさらされており、それに対する抵抗が物体の質量を生む。そしてその全体が空間の歪み（収縮）で常に地球の側に引き寄せられ、結果として安定した場所（地表）にとどまり続ける、といったあたりだろうか。しかしこれは現実の物体に対して余計な観念をいろいろ付け加えすぎていて、ほとんど説明能力を失っている。繰り返すが、この意見では重力は斥力ということにしかならない。

かたや、自由落下を利用して作る無重力も、エレベータはいずれ地表にぶつかる。つまり、この思考実験のそれぞれの場合において、人工的な重力、人工的な無重力の側は永遠に続けることが不可能な作業であって、しかも不可能な理由というのが、作業を続けると質量が無限大になってしまうという理論内部の事情なのだ。これに対応する、地表に重力を受けつつ静止する物体、無重力の虚空中に浮かび続ける物体はあくまでそういう奇跡的な状況があり得たらという前提を置くにしても、永遠に続くことが可能である。つまり「重力＝加速度」ではないのだ。

時間の前後を切り捨てて、部分的に同じであるとすることに科学的な意味も有効性もない。動きというものを静止画に封じ込め、そこに描かれている絵が同じであれば同じものであると言いたくなるかもしれないが、しかし現実には違う。4秒間自由落下したエレベータと10秒間のそれとでは、地表にぶつかるときの衝撃がおのずから違うはずではないか。これに対し真の無重力状態にある物体は4秒間の静止と10秒間の静止ののち、これを動かそうとするときに違いはない。つまり動くものにはエネルギーの出入りと正確な時間経過が書き加えられるのであって、だからこそ力学なのだ。動いているものは、その動いている時間の長さが問題になるし、重力が関わることでは必ずどこかで運動が終わる。その必要のない無重力空間中の静止とは当然違う。それとも、地表で静止状態にある物体は地球に対し等速並進運動をしているだけであって重力にさらされているわけではないと言うべきなのだろうか。あるいは、地表の岩石は常に同じように見えるが日に日に重さを増しているとでも。それは明らかにばかげた話だ。しかしエレベータの思考実験の主張は、そういうことなのである。

エレベータ内での搭乗者の感覚という、簡単な問題設定が参加を促すのか、この思考実験を取り上げる反論を比較的多く見かけた。エレベータの移動と重力は同一視できないという主張は比較的たやすい部類なのかもしれない。もちろんそれは正しいのだが、もう少し進めた視点が必要に思われる。エレベータの移動という現実と、空間の移動という一般相対性理論の概念に理論的な結びつきが本当は存在しないため、現実論への否定が、中心の観念論的部分に対する否定に直結しないということだ。

理論ではなくイメージによる飛躍が2つをつないでいる。つまり、反論者たちが間違っていて、エレベータ内の物体や光のふるまいがアインシュタインの言う通りであるとして、それでも重力は空間の歪みであるという説が裏付けられたことにはならないということが正しい洞察なのだ。人々が信じるのは、現実的な思考実験が、いつの間にか空間論にすり替わっているという、うまい話術ではないだろうか。したがって前提が否定されても中心の部分に対する信念は変わらないという奇妙なことも起こるのだ。

詐術のもう1つの側面、すなわちより純粋な意味での空間論はあまり指摘されてこなかった。例えば、私が乗ったエレベータの内部は、外の空間とは別物なのか、それとも同一なのか。現実的な話の中で空間という言葉が出てくるので、内部を独立した空間のように誰しも誘導される。相対論では「空間」と言わずに「系」と呼ぶので、さらにあいまいさが増す。系でも空間でもよいのだが、私の体の内部はどういう扱いになるのだろうか。私の体の内部も含めて、すべてが同一の空間であるとしたら（言うまでもなく空間とはそういうものだが）、疑似重力という感覚が空間の何らかの作用であるという話が成り立たなくなる。この思考実験において、そもそも「空間」は何ひとつ役割を果たしていない。

冷静になって考えてみればわかることだが、疑似重力の出どころは床という個体物であって、室内という空間ではない。このあたりは、方眼紙をくぼませて重力が生まれるように錯覚させる例と同様で、極めて都合の良い物質的属性を与えている。そのことをうっかり忘れ、私たちは箱の外と内側をそれぞれ独立した空間と、誤って認識させられているだけなのだ。

通常概念では空間の分割も可能であり、どちらかというとむしろ閉鎖的な場所について言われるだろう。生活空間、電脳空間、などという言葉があるように、切り取られた部分的空間を語ることがこの言語空間の習慣である。ほかには、幾何学でもそのような使い方をするだろうが、それは科学の意味する現実の空間ではない。エレベータは、せいぜいのところ加速度系だろう。つまりこの作り話は空間という概念をあいまいに扱うことで抽象論を現実に見せかけているということだ。

重力場で落下するエレベータについては、もはや検討することさえ無意味である。箱は全く必要ではなく、広い空間を人間のみが自由落下の状態で落ちてゆくことと理解して、何の不都合もない。これを空間の働きとするためには、この小さな人間以外のすべてが、すなわち宇宙全体が、彼と反対の方向へ動くことと理解する必要がある。それとも空間は彼と接触する極小部分なのだろうか。

ひもに人をすがらせて引き上げる、人が飛行機からダイブする。エレベータを使った思考実験の実質的な部分を取り上げるなら、以上のような描写で事足りる。だが、これでだまされる人がいるだろうか。空間の移動は重力を生まないし、空間の歪みと空間の移動も同一視できない。しかしエレベータの箱ひとつで、空間の歪みと重力がいともたやすく結びついてしまう。一般相対性理論の核心部分は、ここまでお粗末極まる代物なのだ。

3　移動する列車と同時性の問題

列車を使った思考実験はたびたび目にする。相対論を肯定する側からはたとえば「相対論の正しい間違え方」（木下篤哉、松田卓也共著、２００１）があり、否定する側には序文で名前だけ出しておいたアルテハの著書などがある。

ここで問題にされているのは同時性ということだ。車両の内部の人間と外部の視点とで、時間認識が変わるということが相対論の言い分になる。その変わるはずの時間認識を二つながらに肯定するところにパラドックスが生じる、しかしそのパラドックスの存在こそが相対論の偉大さを証明する、という結論である。もちろんアルテハらの反対意見では、統一的な時間軸で語れるはずだということになる。

エレベータの思考実験では疑似重力を説明するために、箱の内外が全く物理的に孤絶した「空間」であることを強調するという戦法を取っていた。あえて言うなら、印象操作していた。

移動する列車でもこの基本的な論点は同じだ。列車の内外を全く別の時間軸で語れる空間とみなすところから始まる。したがってこれは時間が争点であるように見えて、実は列車内が独立した空間であるという錯覚に頼った、ある種のだまし絵的な物語だ。

思考実験と自称するこの問題が、どの程度相対論の基本を反映しているか不明な段階で、それに対する意見が相対論自体への批判として成立するかどうかは見極めにくいところがある。ただし有名であるし、エレベータの思考実験に続いて相対論の空間把握の欠点を表していると思われるのであえて取り上げることにする。いろいろな形があると思うが、以下のようなものとして理解する。

〝列車の内部の前後にランプをつけ、同時に点灯させる。中央に立つ人はこれを同時

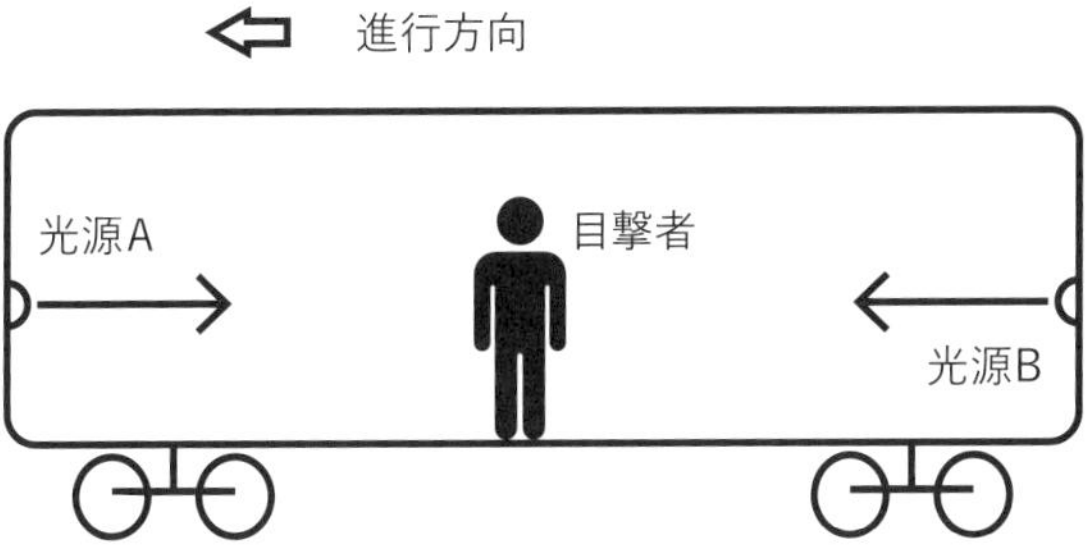

に点灯したものと認識する。駅に停車中ならば、中の人とホームに立つ人、どちらにとってもその瞬間は同時と言えることは確かだが、この列車が動いている場合には2つの「瞬間」には〝ずれ〟が生じる。運動系においては時間の進みが遅くなるからである〟

いろいろなバラエティの差異を無視するようだが、これで十分に共通の要素を読み取ってもらえると思う。単純な事実を繰り返しておこう。この思考実験は、列車を外界から全く独立した、いわば閉鎖空間とみなすことで成立する。すべての物理現象がこの内部空間のみで完結し、まわっているものと見なしている。でも、そういうことがあり得るものだろうか。ホームで待つ列車に乗り込み、出発の瞬間、私たちは、立っていれば足の裏、座っていれば椅子に預けているお尻や背中に衝撃を感じる。加速すれば、全体に引きずられる感じだったり押されている感じだったり、とりどりに体の感覚を味わうことになる。しかし列車内が物理的に自立した異空間であるなら、私たちはその「空間」の動きと一体化するのであって、床や背もたれからの微細な力の変化を示す信号はむしろあり得ないことなのではないか、との疑問が生じる。

運動系という不思議な空間は存在せず、地面という静止系の上を列車という物体が移動し、その列車の中に人がいる。つまり車内の人は列車という運動系ではなく、地面という静止系の上の、間接的にではあるが、紐づけられた存在として考えなければ、全体をきれいに語ることができないのではないか。発車や加速度を知ることができるということは、結局それが正解なのではないか。

私たちは窓から外の景色を眺めることができるし、外の音も聞こえる。外から中の様子もうかがえる。ここまで、いろいろな物理的事象を連続的に語ることができる空間で、時間の因子だけが独立し得ると、そんな不思議なことがあり得るものだろうか。

この手の思考実験で理解した気になる人が多いということは、以上の説明で相対論の賛成者が（反論に）納得することは難しいということなのだろうが、一応そこが結論として目指す方向になる。

まず前提として、これは思考実験として成立しないことを確認しておきたい。なぜなら、動く列車の前と後ろから発せられた光は、列車の中央に同時に到達することはないからだ。これだけでは、ニュートン側の思考をなぞっただけに見えるかもしれない。しかし実は相対論が正しい場合でも、ニュートンが正しくても、どちらでも成立しない。あるいは最低でも相対論の側は、これが成立することを証明する必要がある。

特に、相対論が正しい場合でも、動く列車の中央に立つ人が、車両前後の点灯時間を同時と認識することはないだろうという意見は、大きな盲点と言えるだろう。相対論の言い分は、運動状態の如何にかかわらず光速度は一定である、なのだった。たとえて言うなら、太陽に対して静止状態にある宇宙ステーションにいる人にも、かなりの速度で太陽に向かう宇宙船に乗る人にも、太陽光の速度は等しく見えるはず、ということだ。つまり1つの光源に対し、動く人と動かぬ人とによる見え方を比べなければならないのであって、それぞれに別の光源を用意するのであってはならない。

すなわち、車両の中央に人が立ったままでは思考実験としての意味をなさないのだ。その人は前後どちらかの方向へ歩き、中央から外れて、それでも彼の目に入る光が同時と認識されなければならない。

この思考実験では、列車内の目撃者は光源に対して静止状態であることが意図されている。つまり列車の内部のみ独立した静止系として設定されており、その意味で列車外の人と変わりなく両方からの光が彼のところで交わると読者が受け取るよう仕組まれているわけである。その点を考えただけで、この思考実験の欠陥が明らかになる。

たとえばだ、列車を極端に長くして、中に2人用意する。1人は中央に立つ。もう

1人は地上に立つ人間を目視し、同じ位置を保持するように走る。いろいろ非現実的だが、思考実験とはそういうものだと割り切ってほしい。2人とも目の前で光が交わる場面を見ることはないと、まずは直観的に思うはずだ。相対論はもちろん中央に不動のままの人が、目の前で光の交差を見るとする。私は逆だと思うが、これは水掛け論としておいてもよい。

ところで、中央の人が光の交差を目撃するというところまで、一応譲歩するとして、その時刻は中で歩く役の人にとっては過去なのか未来なのか。さしあたり列車の中は同じ時間が流れると想定しているのだから、同時刻でなければ変である。それとも、中央から遠ざかる動きをしているのだから、その分さらに遅い時間の流れになるのが正しいのか。でも、その人にとっては車窓の外に見える人と同じ時間の流れでなければおかしい。つまり、中央の人よりも早い時間の流れを経験しているべきである。

この段階で、はっきり理解できなくともよいかもしれない。とりあえず、何となくおかしいところがあると感じられれば十分だ。

この思考実験もどきの、解きほぐすことが面倒で多くの人が惑わされる所以は、いくつもの錯誤が織り込まれているからと言える。ただし、その最大のものはエレベータの思考実験と同じ、単なる壁で囲った部屋にすぎぬ空間を、物理的な意味での独立空間とみなすところだ。まずはその部分から検証する。

端的に言って、光の振る舞いや重力に関する限り、静止系および運動系という差異は存在しない。差異が存在しないとは、連続的な1つの場であることを前提に語るという意味であって、見え方の差がないということではない。もちろんこのことは相対論の見解に反するので、それを反論の根拠とすることは無意味だ。では実際のところ、この思考実験の示す動く列車の室内の場合はどうなのか。「相対論に準拠する限りでは独立した空間である」と言いうるのだろうか。

前提として、動く光源が前後に放つ光はどちらも同じ速度であることを確認しておかねばならないのは大変に残念なことだ。すなわち、この思考実験において、列車内に光源を置くということは現実においては意味をなさないのであり、ただ列車内を別空間とみなす印象付けのための設定にすぎない。ある瞬間に列車内のAとBの2つの光源を同時に点灯させたとしよう。この2つの位置を地面の視点でA'、B'とすると、のちの時刻において、光の軌道は列車内のA、Bではなく、点灯時間にそれらがあった場所A'、B'からの光とみなすことが正解である。したがってこの思考実験において、列車内の事象は、初めから列車内で完結することが不可能な作りなのだ。もちろんこの主張がこちら側の一方的な言い分であるという反論の余地はある。

ただしそれはお互い様の水掛け論であろう。この思考実験がそのことを了解して構成されているとは言いがたく、まさか知らなかったわけではないのだろうが、列車内を全くの別空間に見立てるという認識が強すぎて、それに打ち消されてしまったもの

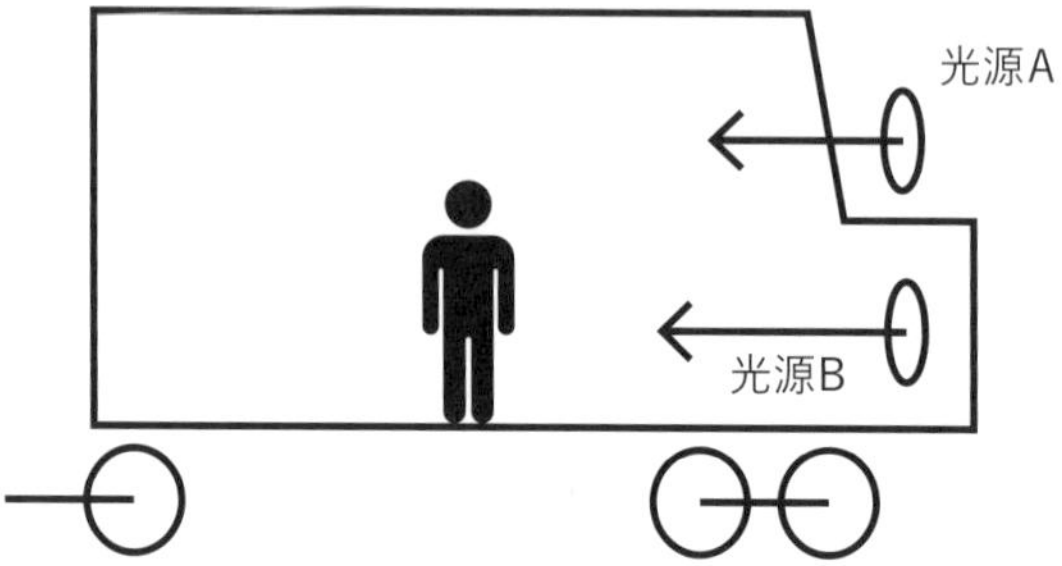

と思われる。はっきり理解していたなら、以下に述べるような矛盾を含む思考実験をあえて問うことはなかったはずなのだ。

列車内を別空間に見立てるということの正否を考えるにあたって、思考実験に少々手直しを加えてみる。1隅がへこんだ形の列車を用意し、透過板をしつらえる。列車の張り出した部分に内部ランプを置き、それに並べる形で列車外にも置く。2つのランプを灯し、同時に列車を発車させる。列車は直ちに十分な速度を得るものとしよう。

2つの光が搭乗者にとって違う速度であることは、相対論に反する。したがってこの2つの光は、前面も透過可能になっているなら、同時に列車の外に出ることになる。もともとの、例の思考実験の意図するところでは、列車の中央で前後からの光が出会うことになっているので、列車内の進行方向に沿った方のランプの光は、外の視点での光速度よりも速く進むのでなければならず、相対論の要請により光速度を調整することできないはずなので、もし仮に時間、もしくは空間の伸縮でつじつまを合わせようとするなら、

①この搭乗者にとっても列車の前半分の空間は伸び、後ろ半分は縮む

②この搭乗者にとっても列車の前半分の時間の進みは遅くなり、後ろ半分は早くなる

という二者択一になる。ところが、列車内は同一の系であるという前提があるので、どちらの解決も禁じられているし、もちろん直感的にも無理であることはすぐにわかる。これではもはや列車内の人の視点すら意味をなさないだろう。この矛盾は解決不能であると思われる。

では列車外の視点で、光が列車というこのブラックボックスを通過する間に、列車内の時間の進みの遅さを示すようなことが起こりえるのか。光Aを1つの現象と認識する限り、相対論によれば外の視点で一貫した速度を保つのでなければならないだろう。したがって列車内での加速も減速もあり得ない。もちろん光Bも光Aとともに外

に流れ出るのだから、見えない部分での振る舞いは等しいはずであって、なおかつ搭乗者の視点でも両者の振る舞いは同じになる。

当たり前ながら、外からの視点で、この光Aは問題なく光速度cの値を持つ。では残る疑問は、搭乗者の視点でこの光Aは光速度cであり得るかどうかということになる。ニュートンの式では搭乗者が見る光Aは（光速度－列車の速度）であり、この光が搭乗者の立つ位置に達するには（列車の半分の距離＋列車が動いた距離）を要する。

つまりこの光は、もし中央の搭乗者の立つ場所で前からの光と遭遇するなら、外の視点では相対的に速く進む必要がある。だから矛盾である、とはこの時点では言わずに置こう。しかし前面から搭乗者の立つ位置まで来る光は相対的に遅く進む必要がある。つまり、速度を持った列車は外でこれを見る人に比べて時間の進みが遅くなる、という相対論の主張とは裏腹に、列車の後ろ半分は時間の進みが早く、前半分は時間の進みが遅い、という結論になってしまう。

もちろんこれだけでは終わらず、前からの光が中央点を過ぎた場合、後ろ半分の、時間の進み方の早い領域に入り込んでしまうわけだが、その場合どう考えるべきなのか。相殺されて、地上の視点と同じ時間の流れになるのか。それとも、2つの時間軸がここで同時に進行しているのか。

それどころか、列車内のあちこちに光源を設置した場合、いろいろな角度の光が乱れ飛ぶことになるが、それぞれが固有の時間進行を要求する。列車の進行方向に対して異なる角度を持つので、地上の視点との速度のずれが各々違うからだ。相対論はもちろん、その違いがないよう、時間軸をずらして調整するという考え方をするわけなので、真ん中に立っている搭乗者には、例えば10もの時間が同時進行している、という妙な結論になる。これは彼以外の10の視点でということではなく、彼自身の視点で10の時間の流れを目撃しているということである。

しかしこれは変な話だ。なぜなら考察の出発点は、地上にいる人との時間の認識の違い、だったからだ。それは1対1の関係でしかない。話がずれてゆく元は、搭乗者が、前から来る光と後ろからの光それぞれに、別の時間の流れを想定するしかないというところだろう。これが矛盾だからこそ、例の思考実験もどきは列車内をあたかも静止した空間のごとくに装い、2つの光は等しい速さで等しい距離を進み、中央で合する、という形に強引に持って行ったのである。しかしそれはあり得ない想定であり、ありえない結論なのだ。

本当に相対論の趣旨に沿うつもりであるなら、たとえば以下のような舞台設定にすべきであった。2キロメートルの直線軌道の両端に光源を置いて、真ん中に人を乗せたトロッコ、そして線路際にもう1人目撃者を用意する。そして同時刻に両端の光源を点灯しトロッコを発車させ、そのうえでトロッコ内外の2人にとって同時刻のずれを確認する、というたぐいの思考実験だ。こういう状況でトロッコの時間の流れは遅くなる、ということが相対論の主張なのではないか。この考え方に間違いのないことを十分ご理解いただきたい。元の思考実験の意図のように、車内を全く外から切り離された独立の空間とみなすなら、相対論の主張は、車内の人がさらに移動しながら、それでも彼の目の前で光の交差を目撃する、という結論を導くものでなければならない。つまり列車そのものが外に立つ人との時間のずれを生じさせるということを証明するつもりであるなら、前後からの光の最初の接触が列車の中央で起きるということを既定事実として持ち込んではならないのだ。

トロッコにしたのは、言うまでもなく内外の2人を照らすところの光の振る舞いが一様であり、1人が移動しているという点だけが違うということを強調するためである。相対論が正しければ、明らかにこちらの思考実験により証明されるので、移動する閉鎖的空間などという小細工は必要ないはずなのだ。

軌道横の人にとって2つの光源の点灯は同時と見える。ではトロッコに乗った人にとってはどうなのか。トロッコがすでに中点からずれているのだから、2本の光線の最初のぶつかり合いが自分の目の前で起きるわけではない。もし彼の目の前で起きることであるなら、前後の光は、トロッコ上の人にとって違う距離を移動してきたことになり、光速度の違いを認めることになるだろう。それは相対論にとっての矛盾だから、もし強引にこの仮定を進めるなら、彼の進む方向の前後で、時間の進み方が違うとするか、彼にとってのみ前後の距離が変わるか、いずれかでなければならない。

ただし、どちらの場合も、ずっと中点に立ち続ける線路わきの人も同じ光景を目撃できるはずなのだ。そうなると、1番まともな解決は、線路わきに立つ人も搭乗者も、自分の目の前で光が初めて交差する場面と、相手の目の前で交差する場面と、どちらも目撃できるということ、かもしれない。あるいは3種もの違う速度の光を見る（地上の系に属するとされる光、そして搭乗者の経験する2種類の光）、もしくは3種の時間進行を同時に体験するということになるが、もちろんこれは相対論の禁則事項という以前に、現実としてあり得ないことだ。

もとの思考実験の提案をあえて真に受けてみるとどうなるか。つまり移動中のトロッコの中央で光が交わるという状況は作り得るのか。2つあって、1つはトロッコの移動速度がゼロであるもの、すなわち線路わきの人と並んで光線の到着を待つというもの、2つめはちょうど中点に達した時に両側の光が届くように少しずらした場所からトロッコを発車させる、というものである。もちろん、このことをもって相対論が証明されたとすることはナンセンスだ。

これで、大元の思考実験の意味がわかるのではないだろうか。すなわち、列車の空間を無理やり静止状態にあると印象付けるための装置であるということだ。もちろんこれは誰かをだまそうとしてこうなったわけではなく、発案者が自らだまされに行っているということでしかないのだろうが。

だが実はさらに考えてみるべきことが残っている。移動する観測者に対し、追いかける形と、向かう先からのものと、2つの光線を当てて、その速度が一致するということは実現可能なのか。可能であるならば、列車の内外での同時刻のずれについては、考案者の思い違いということにして、移動する人の目の前で光の交差は起こらない、と認めてしまってもよいということになるのかもしれない。

移動する観測者の速度をdとすると、追いかけてくる光は（c－d）と見えるはずであり、前からの光は（c+d）と見えるだろう。したがって、

（c－d）＝（c+d）＝c

であり、明らかに矛盾なので間違っている。数式内で論じるならこれでよいと思うが、それは相対論以前の考え方に過ぎないので認めない、または移動する者と観測者の視点をごっちゃに論じているのでナンセンスである、という反論がくるものと思われる。

この奇怪極まる等式を成立させるにあたって、時間と長さを操作してつじつまを合わせるという相対論の手法はどの程度使えるのだろうか。私たちはこの点で2つの「相対論の常識」を知っている。その1つは移動する者は時間の進みが遅くなるということ、もう1つは進行方向に沿って縮む、ということだ。

時間の進みが遅くなるということの意味は何なのだろう。誰もがわかっているような気がするけれど、実際には把握しきれていない、と先回りして私は結論する。わかっている気がするから、適切な説明があると思い込んでしまう。

移動者の後ろから追いかける形の光についてまず考えてみる。移動者の時間の進みが遅いとは、例えば移動者が10分と感じる時間を、傍観者は15分と感じるということだ（感じると書いたが、もちろん時計によって計測するという意味。それぞれの主観的な時間であるということをこう表現した）。つまり同じ光を見ているなら、移動者の見る光のほうが距離を稼げることになる。彼は光源から逃げる形になるので、光が追いつくためには距離を稼ぐ必要があり、これは理にかなっていると言えないこともない。この光速度とはニュートン力学のcであり、時間の進みの遅さはすべて移動者の属性ということになる。しかし、とりあえず、

（c－d）＝c

は、不思議にも満たされるような気がする。

では前方の光源からの光はどうなるか。時間の進みが遅いのだから、単位時間での事件の進行は傍観者のそれよりもゆっくりとしたものになる。すなわち（c+d）の事実が傍観者に起きる間に、移動者はcの経験しか得られない。これで

（c+d）＝c

も成立した。ただしこちらの時間の進みの遅さは、移動者その人ではなく、すべて移動者の見る光の属性になる。つまり光はゆっくり進んでいることになるのである。

移動者には、傍観者と同じ時間が流れていることになる。

1つずつを取るなら「時間が遅くなる」という概念が成立しているように見えるが、

この移動者は前後からの光を違う時間の相のもとに眺めていることに、結果的にはなってしまう。それは端的に言って、違う速度のものと認識するということだ。

要するに相対論というのは移動者の視点での光速度と、傍観者の視点での光速度を一定であると主張する方法論は持っているが、移動者に対しそれぞれ別の方向からの光について、それが一定であるかのごとく処理する能力はないのである。この場合にいくつかの光のうちの1つを傍観者の光速度cに合わせると、別の光については時間の進み方が遅い、つまり移動者の視点のままでも光が現実として遅い、と言うしかない。すなわち時間の要素を絡めているくせに光速度は不変であるなどということはあり得ないのだ。

ここでとても不思議なことに気づく。光速度不変の原理を相対論は維持できない。なおかつ、いろいろな思考実験においても、移動者の光の見方を、なぜか静止する側のcに合わせようとする。ところが、ニュートン的な考え方では、期せずして光速度不変が確保されているのだ。すなわちcは常にcのままに運用されている。これこそ、光速度不変の原理と称するにふさわしい。人はよく、ニュートン的な視点は神の視点である、と言うが、単に線路わきに立つ人だったり、ロケットの発射を地上で見送る人の視点だったりする。神の視点などというものはない。

要するに、ニュートン式の考え方とは、光速度を不変に論ずるためのポイントがどこかにあるはずだから、まずそこを探し、その視点で語ろうという、極めて現実的な態度のことではないだろうか。どこでも構わないのだ、任意の1点で光速度不変が実行できるのだから、という相対論の立場こそが、まさに神の視点を想定しているものだと、私は考える。実際のところ、列車の思考実験が提起する問題というのは、地面に立つ人の視点ですべてを語れば謎はきれいになくなり、考案者の埒もない小細工も理解できるのだ。

エレベータの思考実験にしても、エレベータを引っ張り上げる（？）場面を外の空間から眺める人や、自由落下する箱を地上から見る人の視点で語ることで、中で起きていることの意味を正確に知ることができるのであって、内部の視点はそれらを明らかにできない。アインシュタインは、実際には外から眺めた視点で語りながら、それを内部で完結し得ると間違って結論した。

もしこれらを実験にかけて、予想外の結果や誤差が生じたなら、もう1段包括的な、例えば地球の公転なり、銀河系における地球の位置などまで考慮した視点を求めればよいだけの話だ。ニュートン的考え方とは、ある1つの見方に対し、さらに包括的な視点が存在するならば、そちらを採用しようという実践的な柔軟さを含むものであり、それが相対論に全く欠けている部分である。

4　いわゆるローレンツ収縮がありうるとしたら

これは前の節を受けての話になる。光速度を調整する2つの手段があり、1つは時間の遅れであると書いた。それはどうやら矛盾に終わる。もう1つ、運動する物体は進行方向に縮むということ、いわゆるローレンツ収縮はこの場合、助け舟となることができるのか。

普通の相対論批判においては、なぜローレンツ収縮という現象が想定されるのかという原理を述べた後で、その考え方が妥当かどうかを検討することになると思う。しかし私は、物が縮むと相対論が主張するのであれば、それを事実として受け止めた場合どうなるかということを単純に推測する。つまりこの思考実験に当てはめてみると、列車が縮むということを意味する。これだけですでに、矛盾の種が潜んでいるような気がするのではなかろうか。

少し極端な例を出すとわかりやすい。10光年先の星を目指す宇宙船があるとしよう。かなり光速度に近い速度で飛行しているので、目的地に着くまでに10年とちょっとかかることになる。そして極度に縮んだ状態にある。

すぐには到着しない距離の天体を目指すとき、よほど時間が必要なら巨大な船で普通に生活してもらい、世代をつないでいくという方法もあるが、10年程度なら大半の時間を冬眠状態で過ごすことになるかと思う。しかし眠ったままというわけにもいかず、多少の作業はこなすだろう。その場合もちろん内部で明かりをつけることになると思うが、その光の速度はどういうことになるのか。もし縮むということが、基準としての物差しそのものが変わるということであるのなら、例えば10センチ程度にまで縮んだその進行方向に沿うように放射された光は、相当に遅くなるはずだ。つまり内部の人間にとっての秒速30万キロメートルは、外部の人間にとっての同じ速度よりは遅い。しかし時間の進みが遅いと先回りして決めてあるのだから、これで何となくつじつまは合う気がする。

ローレンツ変換式から時間の要素のみを抜き出してみると、$\Delta t' = \Delta t\sqrt{(1-v^2/c^2)}$ となり、ここで移動する者の時間$\Delta t'$は静止状態の時間Δtにルート以下の式をかけた値になるということを示す。cとvが同じ数値ならば、1－1イコール0で、それを時間が全く進まなくなるということと考えれば（それが物理学や数学の上で無意味であるとかいう理屈はあるのかもしれないが、わかりやすくする手段である）、移動者の速度vがcに近づくほど時間は遅く進むという意味をこれで読み取ることができる。

同様に移動者の長さL'は$L\sqrt{(1-v^2/c^2)}$だ。一見して同形であり、つじつまが合うのも道理だろう。内部の光は確かに遅くなるが、その分長い間飛ぶことができるので同じ距離を稼ぐことができる、という意味になる。

ところでこれは搭乗者の視線で完結した、あくまで船内の光をもとにした話である。すると、最初の直感、外の光より、内部の光は相当遅いという話はどこに消えてしまったのか。この縮んだ宇宙船が10光年先の天体を目指すというとき、距離がべらぼうに遠くなる。内部の光は遅く、それに従って時間の進みも遅い、と聞かされた時、まず考えるのはこの宇宙船はとても10光年向こうを目指しているとは思えないほどのたくらと動いているということではないだろうか。

たぶんこれには1つの返し方があって、逆に移動する宇宙船から見た場合外部の観察者が動いていることになるはずだから、目的地自体が近くなるというものだ。外部の観察者は宇宙全体を固定した1個の系とみている、という解釈になる。これに、内部の視点と外部の視点を混同させてはならない、という注釈がつく。外部の視点で、宇宙船自体の進みが遅いと指摘することは無意味であるという主張である。

これで、進みの遅い光と、それに応じた宇宙船、そして小さな外部世界という完結した世界ができ上がった。そして一方に我々が通常考えるところの速度を持った光と、それに応じた広い世界が存在する。こちらもそれ自体で閉じた理論空間だ。

なぜ2つの独立した世界があるのか。何だか狐につままれたような、もやもやの残る結論ではないか。もとはと言えば、宇宙船が縮み、そうであるなら内部で灯される明かりから放たれる光はとても進みが遅いはずである、という仮定から始まったことだった。この仮定は相対論の語る事実として間違いのないところである。では確かにそちら側の光は遅いのだ。

〝それでは全くつながりのない2つの世界が存在することになるではないか。だからこそ光速度不変の原理が存在する。2つの世界は光速度が等しいことによってつながるのであり、そこに変換式が存在する根拠があるのだ〟

……1つ理屈を考えるなら、そういうことになるのかもしれない。ほかの形もあり得るのだろう。もちろんこの時点で、はっきりとその理屈は間違いであり、明白なでたらめであると私は断定するが、案外そうは捉えない人が多いことも事実だ。

相対論に批判的な人の著書を何冊も読んできて、基準系とそれに対して運動状態にある系とを図示し、座標が違うのだから1本の線で結んではいけないとか、共通の計算式は成り立たないとか、丁寧に説明してあるものをいくつか見たが、あまり納得は得られていないようだ。

間違っていると思いつつも、私は相対論支持者の言い分がわからないでもない。1本の線で結んではいけないと言われても、そもそも1本の線で結ぶという主張なのだし、計算式は成り立たないと言うが、それをちゃんと提供するのが相対論ではないか、ということだ。

エレベータの例も列車の例も、外と連続した空間であるからこそ起きる現象だった。そこを閉鎖空間ならではの出来事と誤解し、もっともらしい語りを用意する。わかってしまえば単純極まりない子供だましの理屈にすぎない。ただ、宇宙船の例はもう1段複雑であり、内部が閉鎖空間であることを超えた、奇妙な逆転が生じている。つまり外部の傍観者の方も閉鎖空間に置かれ、2つの世界が並立している。それぞれが無矛盾であれば、それで納得してしまうことは当然あり得るだろう。

エレベータと列車の、2つの思考実験の場合には、内外が連続的であることは恣意的な前提である。したがって内外が連続的であることを示せば、内部が独立した空間であることらの言い分に納得してくれる人もいるかもしれない。しかし内部が独立空間であるという積極的な主張をする相手に、「いや内部を独立的に語ることはできない」と言って、それで引き下がる人はまずいないと思われる。列車の思考実験の場合には中央で光が出会うという小細工のおかげで同時性のずれという虚構が示せたわけだが、すでに時間も巻き込んだ形で独立性が主張されているとき、同時性の概念を持ち込んでの説得もあまり効果が見込めない。

ここで、あっけにとられるような回答をまず示しておく。宇宙船が縮んだ形になったら、それはまともに飛ぶはずがない、というものだ。ぺちゃんこにつぶれた自動車がまともに動くはずはないし、縮んだ列車も走るわけがない。それと同じだ。なぜこの当たり前の事実を誰も言わないのだろうか。

もちろんどういう反論がありえるのかはわかっている。列車の思考実験は、搭乗者と傍観者の、純粋に1対1の時間の食い違いとしてとらえてもらうよう作ってあった。搭乗者の視点は、あくまで傍観者との比較で考察される限り、パラドックスではあるが解きえない難問にはならない、と感じられる。もちろんパラドックスであるのは読者がニュートン力学に縛られた旧弊な思考をこれに当てはめるからであり、相対論を適用することで問題はすっきり理解できる、ということが相対論支持者の意見である。

しかし搭乗者に対する前後からの2つの光に着目すると、そこで矛盾が明らかになる。相対論においては、時間とは光速度を一定に保つための要素に過ぎないからだ。したがって彼への光の当て方を変えると、それに準じた時間の進み方の変化が要求される。

こういう例はどうだろう。100台のラジコンカーやドローンを用意し、光源を積む。それぞれを近づいたり遠ざけたり、あるいは横方向に移動してみたりなど、ランダムに動かし、しかし光源はしっかりとある特定の人を照らす仕組みにしておく。その人にとって時間はどういうものになるのか。彼女もしくは彼に一律の時間感覚があるとどうして言えるのか。

もし、すべてが固定した大地の上の出来事であるから時間もそこを基準に統一する、という反論がありえるなら、彼女／彼の方もランダムに動いてもらうことにしてもかまわない。相対論の定義ではこれですべてが運動系どうしの関係になる。注意しなければならないのは、これで大地も固定した剛体ではなく、自在にモーフィングする運動系の集合体となることだ。

この条件で、どのような時間が可能になるのか。１００の時間軸が彼自身の中で同時進行する、という考え方を検討するべきかどうかわからない。多世界解釈も含めて、私は全く価値を認めたくはないと思うのだが、納得できる語り方がありえるなら、読んでみたいと思う（ただし後で検討し、それが全くのナンセンスであることは述べておくつもりだ）。

たいていは、時間のずれを相手方に押し付ける、つまりラジコンカーやドローンがそれぞれの時間軸を動く、という形に、何となく収まるのではないだろうか。これは理論的にそう考えるというのではなく、あまり追求せずぼんやりとしたままに意識の片隅に追いやるという感覚だ。時間という観念のあいまいさが、あいまいなままにしておくことを許す。

今、とりあえず時間について考えてみたのは、たとえ矛盾があっても時間が主題である限り人はその矛盾にあまりこだわらない、ということを示すためだった。相対論は時間と空間の革命的理論であると多くの人は認識しているので、最大限に抽象的なところから考えてしまう悪弊にどうしても囚われてしまうが、もう少し現実的な考え方から入るべきなのだろう。

たとえば高速移動中のものは進行方向に縮むということは、相対論の帰結としては有名な部類だ。では精密で古典的な機械、懐中時計を高速移動させたらどうなるか。まあ、デジタルデバイスでもよいのだが、直感的にわかりやすいもので考えることにする。

懐中時計を用意し、文字盤を真正面から見据える形にして、左右どちらかの方向に動かすと、これは左右につぶれた、いびつな円形になる。

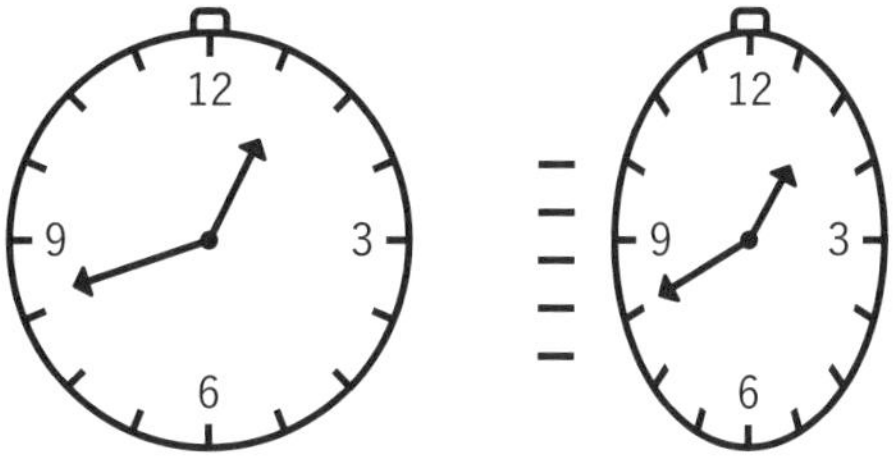

では、右に示した側は、中の歯車もいびつな円形になるはずだ。それでどうして時が刻めるのだろうか。いびつな円形への変化が真に物理的な効果を伴うものであれば、または物理的な原因によるものならば、いびつな円形の歯車を正確にかみ合わせて、なおかつ縦長の形状を維持したままで回すことなどできない。相対論には少なくとも、そういう奇怪な現象を支持する式は存在しないはずだ。ここを間違ってはならない。あるのは、進行方向に縮むという計算式だけである。

ある程度の弁明は予想できる。1つは、時計全体が歯車と同じ比率で縮むのだから、動きの正常性は保たれる、というもの。それに対しては、いびつな円形の時計にいびつな円形の歯車を仕込んだところで動きはしないと答える。これはさすがに論外であると言えるだろう。

多少厄介な2つめの方は、ものが縮むとは空間自体の縮みの反映なのだから、時計にとって真円であるものが傍観者の私にとっていびつな円であることと両立するのである、というもの。では、私にとっていびつな円であることを認めてくれるのだ。ならば、残念ながら私のいる宇宙ではすべて同じ向きに長軸をそろえたいびつな円形の歯車の組み合わせで時計を作ることはできないし、歯車を回転させてなお縦長のままであることも不可能だ、と答えることにしよう。ただ、抽象的議論の難しいところで、おそらくこの簡単明瞭な説明は多くの人にとって明白すぎるゆえにかえって幼稚であると片付けられてしまうかもしれない。

この場合の相対論的な見方をもう少し小難しく言い直すなら、私の持つ時計が他人の目から見ていびつであることは、何かの確定的な、できれば力学上の意味を持ち得るということである。

まず、他人の目で見てのいびつさが私の持つ時計にとって無意味であることは明らかだろう。それは実は、周りに立っている人たちがこれを色々な角度から見て、長方形に見えたり、ラグビーボールのように見えたりすることが、この時計の進み方に変化を与えないことと同じなのだが、この意見は素直に了解しにくいと思う。相対論はもう少し深い意図のもとに「いびつに見える」と言っているように感じるからだ。

実際のところ、周りの人たちが時計をいろんな形に見るということに、時計自体のさまざまな物理量の変化を伴うということは意図されていない。相対論は明らかに物理量の変化を要求している。時間が遅く進むように見える、縮んで見える、という主張は、単純に見るということではなく、明らかに物理的な事実関係に置くということを意味する。だからこそ誰も目撃できないビッグバンは実際に起きたのであり、まだ発見されないブラックホールもブラックホールであるのだ。いずれも、理論により導かれた事実である（ここではまだ形而上学としての事実ということを考えず、単純な科学的主張ととらえておく。つまり人間のように、それをビッグバンと認識する存在が登場するまでは、ビッグバンそのものも起きてはいなかった、とする理論もあり得るのだ。冗談みたいな話だが、こういうところまで検討する必要があるかもしれないと思う程度には、相対論も空想的なのではないか）。

同様に、宇宙船が無人探査機であったとしても時間の遅れは生ずるし、移動する無人の列車は縮む、と考えてよいのだろう。つまり、私以外の視点からこの時計がいびつであることが意義を持つなら、その位置に視点を持つ人が確実にいることとは無関係に、その効果が表れなければならないのである。

地球を変形した形で見ることが可能な程度には高速である運動体が宇宙の中には多

数存在する。そしてこの地球上には多数の機械仕掛けがあるわけだが、しっかりメンテナンスされていればおおむね正常に作動する。例えば私の懐中時計の歯車に、他からの視点で歪みが生じたから刻みが止まった、などという事例は聞いたこともない。すなわち、私の持ち物である時計の動きが他の視点からの見え方に依存しないことは事実上無限回数の検証を経ていると言える。この「見え方」を、ここまでの文脈のように事実的関係とせず、実際に見ることと置き換えても変わりはない。あまり高速で動かすと壊れてしまうので、私が静止状態のまま、超高速で移動するカメラか何かでとらえることを想像してもらえばよいだろう。時計が動くか動かないかは、私が見て真円の歯車を持つかどうかだけで決まる。

逆に、ある特定の相対速度を持つ視点に対してのみ、真円に見えるように計算されたいびつさを持つ時計を作り、動かないことを承知で動力も仕込んでやったとした場合、ほとんどの人にはガラクタだが、それを真円に見ることができる人のみはこの時計の動いているところを見ることができるのだろうか？　答えは明らかにノーだ。ではその逆の場合の、私がある人の時計を進行方向にいびつにつぶれた形に見ることは、その時計に対して意味があるのだろうか。もちろん立場が変わるだけなので同様に無意味のはずだ。最後に、歯車を真円とみる持ち主には気づけないが、歪みを見る私にはわかる何かがこの上にあるだろうか。常識的に考えて、私だけに関知され得る物理的な変化は存在しないように思う。私にわかるなら、当事者である持ち主には、別の表現形ではあるかもしれないが、必ず何らかの変化が告知されるのではないだろうか。例えば地球がいささか扁平であることは、地球からある程度離れることで見えるようになるが、正確な計測や、重力の強さの違いによってそこに住む我々にも理解できるものになる。

時計についての以上の説明にはもちろん唯一の例外がある。「他人からはいびつに見える」というその1点のみ、視点の変化が有意義となるのだ。しかしそれは例えば10円硬貨が角度によって楕円に見えたり棒状に見えたりするが、よく確認するならおなじみの円盤形であることがわかるという、日常感覚で対処できるありきたりな意味であり、それを超える深遠な事実など何1つ存在しない。だが相対論はそれがあると言い、信じてしまう人が多数だ。なぜそうなってしまうかは改めて考えるべき問題ではある。ただ、高速移動しながら私の時計を歪んでいると見る視点がいくつも想定できるとして、それで私の時計が動かなくなるということが考えられるか、逆に私が相手の時計を見ただけでなぜか停止するということがありうるのか、そういうことをまずは常識的に考え直してみることが必要かと思う。

5　ブラックホールになる星とは

縮んで見えることは事実的関係に置くことと理解しなければならない、という前提で時計の例を出したわけだが、多少の心配が残る。相対論の事実無視の理屈っぽさからして、「それは解釈を曲げることである、文字通り見るということと理解せよ」という反論は十分にあり得ることだ。おそらく超高速の宇宙船からでは、地球の時計は見ることはできないし、カメラでとらえるという方法は実際に見ることとは違う、と言われるかもしれない。

では、実際に見ることが可能なものを考えてみたい。

たとえばブラックホールは超大質量の恒星のみが生涯の終わりにたどり着く特殊な天体とされる。恒星の外郭というのは、中心部で数万度から数億度にも達する高温のせいで外側にはじけようとする圧力と、内側に戻そうとする重力とが均衡する地点で大きさが決まる。小さな質量の星は中心部の温度が上がらず、ゆっくりと燃料を消費し、大きな星ほど早く燃える。時間の長短はあるが、生涯の大部分を安定した状態で過ごした後、あらかたの燃料を使って内部温度が保てなくなると収縮が始まる。最初は固体化し、そこを過ぎると原子がぎちぎちに詰まる状態になるわけなので、通常ならどこかで止まるはずだ。どこで止まるかは重力とのバランス次第であり、元の恒星の質量で単純に決まるだろう。結果が白色矮星《わいせい》であったり中性子星であったりするのだが、それらは従来の物質というイメージに沿ったものである。極端に大きな恒星は重力が圧倒的に勝ってしまうので、無限に収縮する状態に入ってしまう。これをブラックホールという。

ここでいきなりブラックホールは存在しないと言いたいわけではない。もちろん最後にはそのように主張するつもりではあるが、まずは別のことを考えてみたい。相対性理論の相対性とは、単純に理解するなら、違う世界線（要するに固有の時間軸を持つということ）の住人は、1つの物理現象に対し、違う結論を出すということだ。見やすい例として、高速で移動する相手は縮んで見えるという現象を取り上げてみたが、それと同様に、高速で移動する物体の質量が増えるということはすでに現代科学の常識とされている。これはガリレオの相対性にもニュートンの体系にもない考え方だ。それらは、質量は変わらず、速度の上昇分だけ、物にぶつかったときの衝撃度や、速度を緩める際に使う力が増えるという考え方をする。相対論だけが、質量そのものが増えると言うのだ。

ところで、速度は相対的であるという前提を考慮するに、私が見てブラックホールを形成するのに十分な質量のある星でも、別の観測者には軽すぎると見える場合があるだろう。その逆ももちろんある。宇宙のすべての恒星について、ブラックホールを形成するに足る質量を持つとみる観測者がそれぞれ存在するはずなのだ。何しろ全銀河はものすごい速度でお互いに遠ざかりつつあるというのだから。地球のような小型の天体でさえ、見る人の速度によっては、銀河系に匹敵する質量を持つと、相対論の計算上はみなされ得る。恒星ではなくとも、それだけの質量があればもちろん重力に負けてしまう。しかし上記のような話は全く聞いたことがない。ブラックホールは問答無用でブラックホール、地球は固体としての地球である。ではいかなる特権的な視点がこの質量を決めているのだろうか。これは非常に大きな謎で、しかもすぐに誰の頭にもよぎりそうであるのに、これを扱った論文というものを私は見たことがない。

私の考え得る唯一の理由は、結果論として決まっている、というものだ。白色矮星がそこにあるのだから、そのことに疑問をさしはさまず白色矮星として扱う、という具合に。大変失礼ながら、思考停止しているのではないか。

私が相対論を信じないからこういう疑問が起こるのであって、信じていれば疑問にはならないのだろうか。しかし別の銀河の住人は我が銀河の白色矮星をブラックホールとみる、ということが相対論をまじめに受け止めた結論になるのではないか。それは、私たちの見ているゾウリムシが、高速移動者にはシロナガスクジラに見えるというのと同じくらい、変な話だ。相対論がこの疑問を無視してよいはずはない。

というのも、それ自体で静止状態、運動状態と決めてしまうことができない、ということが相対論の大きな柱だったはずだからだ。つまり絶対的な質量や運動量は存在せず、視点との相関関係のみが、これらの量を決める。星の質量が相関関係で決まるということであれば、私には白色矮星と見える当のその星が、当然別の相関関係を持つ観測者にはブラックホールに見えることも認めなければならない。これが相対論の正しい解釈であって、私が論外のたわごとを垂れ流しているわけではないと思いたいのだが、ことが明白すぎてかえって自信がなくなる。

相対論の支持者たちは速度や歪みの度合い、重さなどといった量的な差だけを取り上げたがるが、世界のすべての局面において、量的な差は質の違いに直結している。私たちの太陽が、とある星系からはベテルギウス並みの重さに見えるとしたら、もうとっくに星としての生涯を終えているはずなのだ。重く見えているが、事実は現状の太陽の通りである、ということも肯定するのなら、重く見えるということは事実関係ではなく「単にそう見える」という特殊な理論関係であって、重いということから帰結する物理学上の事実は何一つないということもまた認めるしかない。つまり白色矮星がそこにあるのなら、相対論でそれをどう見るかということは関係なく、軽い星なのだ。

ここで別のことも頭をよぎった。例えばある素粒子が光速度近くまで加速されて質量が増えたとして、崩壊せずに同じ素粒子であり続けるなどとは、私には何となく釈然としないものがある。ただ、質量が増えたからどうなるという理論はないのだろうし、現に崩壊したとか変質したとかいう例はないわけなので、研究テーマにはならないということなのだろうか。ただし、粒子加速器でブラックホールができてしまうという半ばオカルトめいたことは話題になった。それで言うなら、諸論文においてアインシュタインは光子にも質量が存在すると表明しているわけであり、では光速度で動く光子は無限大の質量を持つはずなのでブラックホール化しなければおかしいではないか。それは相対論がぜひとも弁明しなければならない論点だ。

一応こちら側の理屈を書いておきたい。光子はエネルギーを持つ。したがって$E=mc^2$から、光は質量をもつ。質量をもつものが光速度まで加速されれば質量は無限大になる。したがって光子はブラックホールである。

多少読み得た範囲(例。『$E=mc^2$のからくり』山田克哉著、講談社ブルーバックス)で結論を書いておくと、その疑問に対する回答は「光はエネルギーを持つが質量は持たない」という一方的な決めつけばかりだった。それはさすがに論外だと思うのだが、相対論の支持者はこれでよいのだろうか。エネルギーを持つが質量を持たないということが事実によって証明されたのだ、それがわからないような奴は一から学びなおせ……ということらしい。相対論に沿った思考をしているつもりなのに、いつの間にかこちらが現実を無視したことになっている。

光が$E=mc^2$の例外扱いになる理由を、私自身考えてみないでもない。一番ありそうなことは、相対論において光は特別な存在である、以上証明終わり、というものだ。まあそれはさすがに論外なので、例えば光の特別さとは、明らかに光速度であることなのだから、そこから合理的に導く手段はないか。光速度においてのみ、速度が直接エネルギーに変換され、質量がゼロでも$E=mc^2$が満たされる、などとか。この式が言っているのはmがゼロならEもゼロであるということだが、光に限ってはmにcを代入することが許される、すると2乗されているcの1つが消せるので（?）光のエネルギーはcであるという結論になる……何となく完璧?

もちろん私が考えるということは、相対論支持者の頭の中でいかなる処理が遂行されているかを推理することにしかなりようがないので、純粋に考えることとはまた違った難しさがある。ぜひとも支持者の見解を聞いてみたいものである。

光子が例外であることを納得のゆく理論で示さない限り、光子は$E=mc^2$の明確な反証として残りつづける。それを指摘することが不勉強の証であるなどとは、あまりにも常軌を逸したたわごとと言うべきだろう。それは真っ白な白鳥を指さして、「すべての白鳥が黒いことが、あの白鳥で証明された」と言い張るようなものなのだ。

いささか寄り道が過ぎた。私は、質量が増えるということを単純に問題にしているのではない。質量が増えるとする視点が、1つではなく本当は無数にあるということが重大な欠陥なのだ。

双子のパラドックスという有名なパズルがある。それを検討することは後回しにして、ここではそれが兄と弟、たった2つの視点で語られていることに注意を喚起しておきたい。相対論は常にこの語り方をする。列車の内外の人、縮む運動体を外から見る人と内部の人。しかし実は1対1の関係とみなすからパラドックスのように見えるのであって、1対無限であることを理解すれば、「1対1」のどちらかの1は全く釣り合わない1／∞であることが明らかになるのだ。

　地球が危機に陥り、数百万の宇宙船が、それぞれでたらめな方向に、速度もばらばらに散って行ったとしよう。それぞれの時間の流れ、ローレンツ収縮はどの船から見るかで極端に変わる。私がその中の1隻に乗っているとして、私の時間の流れは、各宇宙船の視点だけでも数百万の正解があることになるだろう。そのうちのどれを選べば「私の正しい時間の流れ」なのか、決める手段はあるのだろうか。私の知らないうちに、さらに後発組の出航があったとしたなら、私の感知しないところで私の絶対時間が左右されることになってしまうのだろうか。

　取りうる視点の数が無限であるのだから、私たちは自分の時間をひとつの絶対量として尊重するということが、まずは当たり前で常識的な判断だ。すなわち、私の1時間は、相対論によればこれを外から眺める視点によって、ほぼ0からほぼ無限大まで変化し得る。では外から眺めるということに科学的な意味を与えることはできないのだ。なぜなら0から無限大までの任意の内的時間に対し、いずれも客観的な裏付けがあるということになってしまうのだから。しかもそのすべての解は光速度の絶対性に導かれたものである。つまり相対論ではすべて正しいということなのだ。これは時間の主観的な見方と客観的な見方の対立などという類のものではなく、意味のある表現ができないという単純な事実だろう。はっきり言って、ナンセンス以上のものではない。

もし宇宙船という不安定なものを説得力として不十分に感じるなら、それらが広い宇宙の遠い銀河にまで行って、てんでに住み着いたと想像してもよいのだ。私たちはどの宇宙船を選んでも、特に不都合なしに時間を消費し、行き着いた銀河で惑星を探し、細々としかし希望を持って新たな環境づくりに取り掛かるだろう。時間が進むのが遅すぎて仕事にならないとか、手に持った器具が縮んでしまったとか、そんなばかげた事態にはならないはずだ。ではそこで故郷の銀河系を振り返って、まだそこにいる人たちの様子が仮に見えるとして、自分たちの生活のテンポがおかしいと気づくことになるのだろうか。そうではなく、ありうるとしてだが、銀河系に残った人たちの時間は間延びしているように「見える」と言うのではないだろうか。これは遠くにあるものが小さく「見える」ということと同じ構造に思える。

それで初めて相互的であることの意味が理解される。遠くの銀河の生物は私たちから見て間延びした時間とローレンツ収縮の中にいるのだし、逆に彼らから見ると私たちのほうが間延びと収縮を体験しているということは、そのままでは極めて不条理な言い分である。しかしこれは解くべきパラドックスなどではない。単にそう見えるだけで事実は違う、ということだ。相対論はそう見えるだけのことを真に受けて、事実としてそうなっている、と言ってしまう。大変滑稽な間違いだろう。そのうえ、「そう見える」だけの視点は無数に想定できる。

世界全体を等質なものとして見渡せる場所は存在しない、という相対論の言い分は、大変正しそうに響く。したがって「私にはこう見える」という意見の押し付けも正しく思えてしまう。しかしニュートンは神の視点に居座って絶対時空を論じているのではなく、いちいちその場に足を運んで同じ視線のもとに見るよう促しているだけなのだ。その結果、遅かったはずの時間は正常な進みであることがわかり、縮んでいたと見えた相手の物差しの目盛はふつうであることがわかり、重くなっていると思われた質量は実は変化がないと知れるのである。

6　主観的なものと客観的なもの

以下のことは、なぜ相対論の主張するナンセンスな時空概念を人々は受け入れてしまうのかということへの、多少の考察だ。したがって必ずしも理解することを求めない。

主観的、と私たちが言うとき、そこには明らかに2通りの意味を使い分けている。客観との対比において主観があるという、価値判断を含めない考え方が、もちろん主流となる。一方で、いい加減であること、すなわち間主観的という意味での理論的整合性が欠如した状態を指して言うことがあり、それが主な意味と考えたがる人がいる。つまり理論的整合性が客観的であることの意味になる。

しかしこれはどちらも微妙に間違っている。そして価値判断を含めない前者も、どうしても後者の立場に引きずられてしまいがちだ。本当は、裏付ける必要のない、絶対的な基準として主観的というものがある。なぜなら客観的なものは主観によって肯定される必要があるからだ。理論的整合性という意味での客観性は、先鋭化された主観性に基づかねばならない。

両者は反対の方向を目指す概念ではなく、現実の方にむけられた一対の方法論であり、それらが一致すると感じられたときに納得感が生じる。2センチならこの長さ、30分ならこのくらいという感覚的な裏付けが、実は客観性を支えているのだが、そのことは忘れられがちである。これはどのくらいの長さだろう、と人に尋ねることも、定規に尋ねることも、どちらが主観的か客観的かということはない。答えを貰って、それで納得すれば終了だ。ついでに言うなら、この日常感覚の時間と空間を超えるような深い形而上的な意味がどこかにあると思うべきではない。日常的なことが最も深く複雑なのだ。したがって形而上的な意味はそこにこそ色濃く表れる。原子時計とボンボン時計の差は、どちらが正確で細かい刻みを表現できるかの差であり、原子時計が何か深遠な形而上学的概念によって駆動しているということではない。

客観的な事実とは、同じ程度に主観的事実でもある。だがこのことは忘れられやすく、客観的な事実のみですべてを成りたたしめる方法があると私たちは考えてしまう。相対論はこの決定的な間違いの例だろう。納得感というその感覚的な部分を他所からの視点に求めており、またそれを受け入れる人は感覚的な部分が説明されたと感じるのでこれを正しいと錯覚するのである。しかし感覚的な裏付けは当の本人にしか与えられないものだろう。つまり真に主観的であることでしか客観世界は理解できない。これはポストモダン以降、制度による、あるいは習慣による刷り込みが私たちの主観に潜むという説のおかげで、大いに誤解される元となったが、それらのいわゆる偏見は取り除くことが可能なものだ。間違いや幻想などという、根拠のない妄想が方法的懐疑として深い意味を持つという理屈を広めてしまったのはデカルトとそれに続く哲学者たちだった。彼らの説が、主観と客観の絶対的分離を招くもととなった。あまたの貢献を台無しにする誤謬《ごびゅう》と言うべきだろう。

ニュートン力学の空間を単なる数学的表現と受け取った場合、感覚的な部分の正当性までも求めているわけではないと解釈できる一方、それが絶対空間という名称であらわされるとき、おそらく感覚的な部分の正当性まで望んでいるという仮定がある。この違いは重要だ。なぜならそれは理論の正しさとは無関係な否定および肯定だから。

ニュートン力学の提示する時空が余りにも等方的、かつ画一的であることについて、不安な気持ちを誘われる点があるかもしれない。ここまで単純な時空間認識に「絶対」という名を冠するのは傲慢のようでもある。片や、相対論はかくも複雑でありながら、視点による見え方の相違を根幹に据える点で、未熟な人間ごときに宇宙の全体像はなかなかとらえきれるものではないという、何となく謙虚な外観を持っている。

ただしいずれも誤解だ。意表をつくことだろうが、神の視点と称されるような尊大な特徴はニュートンの時空間把握にない。もちろん彼自身がどう考えていたのかは別の話だが、絶対性という言葉で表現できるようなニュアンスは、その後の科学万能主義の中で徐々に形成されたものである。

2人の人物AとBが互いに目視できる場所にいるとする。それぞれの近くにオブジェがあったとしよう。自分たちの近くにあるオブジェを方眼紙に写し取り、互いに見せ合ったとき、縮尺などについて約束事を作っておけば、後で共通の知識として役立つだろう。全く違う場所に行ってもこの方眼紙を使い、約束事通りにスケッチすることに決めておけばさらに便利だ。この方眼紙と約束事のセットが、ニュートン力学が堅苦しいばかりに画一的であることの意味である。宇宙の仕組みそのものにこのセットが組み込まれていると信じる必要はない。それは哲学的な主張であって、科学が責任を持たなくても良いことだ。もしかすると宇宙は歪んだ空間なのかもしれない。その場合でも、ニュートンのセットはそのまま役立つ。歪んだ空間の中では、方眼自体も歪み、物体もそれに従うからだ。むしろ、なぜその空間の住人に歪みがわかるのか、歪みが最初からわかるとする相対論のほうがとても変な話だと思う。

このように言うと、相対論の方が系に依存しないより強い法則の同一性を打ち出している、すなわち相対論の提供するセットの方がより汎用性が高くなおかつ正確であるという反論があるだろう。しかし相対論ではAに対してBのそばにあるオブジェの姿を写し取ることを求め、それはBが見たこのオブジェの映像と違うのだからBの書き写しは正確ではない、と言うのだ。つまりたとえば静止するAが高速移動するBの時計を見て歪んでいると思い、Bが時計を丸いものと描くのはおかしいと言う。

では何が正確な映像なのだろうか。ごく常識的に、近くで子細に見ることが一番良いに決まっている。もちろん遠くからのほうが全体の概観が得られ、良い場合もある、などという批判は、正論かもしれないが単なる揚げ足取りだ。ここで言うのは同じ静止系に属するものとして描写するという意味である……としても、移動するドローンを通して見る方がよい、とさらに批判されてしまうのかもしれない。近くで子細に見ることが一番、というあいまいな書き方が悪かったのだろう。ニュアンスが伝わることを期待するしかない。

よく勘違いして説かれるのは、ニュートン的なものの見方が私たちの日常感覚に近く、相対論はそれに改変を迫ったというものだ。そんなことはない。私たちは遠近法で描写されるような具合にしか世界を捉えていないのだ。例えば太陽は腕を伸ばして持つ10円玉の大きさにしか見えない。Bのそばにあるオブジェが、Aの位置からでは米粒大に見えるが、実は人の背丈ほどの大きさであるとしたら、それを理解するには想像による補正が必要だろう。想像とはある意味での数学的な処理のことだ。この補正を私たちはあまりに無自覚に遂行するので、ニュートン式の世界観が「日常的」と感じられる。しかしその描写はかなり理性を使った末の、複雑な解釈に頼った世界像なのだ。

相対論こそむしろ、10円玉の大きさの太陽と米粒大のオブジェをそのまま肯定する理論ではないか。相対論は複雑膨大な座標変換論であるという言い方をされることがある。その場合に変換の式を通じて結ばれた2つの世界観は等値であることになるだろう。しかし、その変換式の一方はあまりにアドホックな性質を持つため私たちは貫徹することができない。すなわち曲がった棒を空間の歪みのせいであるとする理論体系は生活空間のほかの部分がどれもこれもまっすぐであるという事実をうまく説明できないだろう。太陽を10円玉の大きさではなく、バスケットボール大に、あるいは砂粒程に見る視点もあるが、その上にいちいち力学体系を構築することはできない。

ここで1つ心配なことは、私が視覚的情報を例にして相対論の遠近法を述べてしまったことだ。重く見える、短く見える、時間が間延びして見える、という遠近法は相対論の中に確かにあるが、小さく見えることをそのまま肯定する論法は存在しない。これはわかりやすく語るという目的で出した例だが、全くの言いがかりであるとする非難はもっともなことだ。ただし、小さく見えるという遠近法が存在しないことは、実は相対論の重大な欠陥の1つなのである。

現時点でこう言ってしまうことは、弁解にしても下手すぎると思われかねないことを承知で、先回りして書いておく。相対論は2次元の幾何学と1次元の数式の取り合わせであり、3次元の現実を適切に扱う手段を持たない。相対論はすぐに4次元時空などを持ち出し、ニュートン空間より広い視野のもとに組み立てられていると思われがちだが、それは単なる錯覚である。例えば光だが、相対論における光速度はあくまでスカラー量であり、3次元のベクトルとして扱うべき場面であっても単純な量として処理する。だから、列車の思考実験もどきにおいて、列車の進行方向に沿った光線を考えると意味がありそうだが、逆行する光線を考えるとたちまち思考実験の体をなさないガラクタであることが判明する。もともと、相対論の思考内で速度が量としてしか存在していないゆえだ。スカラー量とは、要するに1次元の計算式に還元できるということであり、数式で表現されるとどこまでも無矛盾であり得るからである。

7 飛行機に乗せた時計は、遅れるのではなく速く進むとも言えてしまう

時間の遅れ、すなわち時計の遅れは無方向のものとして考察されている。相対論支持者が時計の遅れの証拠としてあちこちに引用する、飛行機に乗せた時計が遅れたという話では、東回りと西回りで飛んだうえで落合い、地上のものと照合したとか、東京とニューヨークの時計を先に合わせておいて、東京の時刻に合わせた別の時計を積んで到着後にニューヨークで確認する、みたいな形になっていると思う。すると、ここには光の関与などない。なぜ時間が遅れるのかというと、光の速度を一定に保った

めだったはずなのだ。しかし列車の思考実験もどきで確認したように、前後からの光を等速度のものとして処理することはできない。すなわち東回りと西回りの時計が2つとも遅れることは不可能だ。ましてや、動く物体に前後左右、そして上からも下からも無数の光を当てて、この物体の視点でそれらをすべて光速度不変の原理にしたがわせることは無理だろう。

つまり、もし光速度を一定に保つために時間が遅れるのだとするなら、飛行機に乗せた時計が遅れることはあり得ないのだ。そしてまた、地上のほうが重力は強いのだから、もし相対論の主張するもう1つの時間の遅れの理屈が正しいなら、飛行機に乗せた時計は時間の進みが速いという結果を示してもよいはずである。つまり世に喧伝されたあの実験結果というのは、全くのつじつま合わせか、よくて誤差を適当に宣伝材料に使ったということだと思う。すべての現実的な実験には誤差が出るが、それを相対論的効果と言っているだけではないか。

実は有名な双子のパラドックスにおいても時間の流れを光と宇宙船との差として算出しているので、一方的に遅れる、と計算するのだが、「行って帰る」のであれば、時間の遅れ、進みは逆転する。したがってパラドックスにはならない。批判者の側もこの点を指摘しきれていないようだ。相対論の仕掛ける視野狭窄の魔術に引っかかっているから、と言えるのかもしれない。この問題はさらにわかりやすく展開する必要がありそうだ。

もう1度懐中タイプの時計の例を蒸し返させていただく。無数の人間がそれぞれ勝手に、しかも任意の猛スピードで動いているとしよう。その中の1人である私は2つの時計を持ち、1つは正常に動くもの、もう1つはある相対速度で見るときのみ真円に見えるとし、その想定速度で動く人が無数の中に必ず1人はいると仮定する。つまりどちらの時計も真円に見る人が1人ずついることになる。どちらも正常に動く確率は等しいはずだ。しかしながら、時計が動くかどうかは所有者である私の視点だけで決まり、無数にある他者の視点は一切無視できる。この時計に関する限り絶対的に優先される視点は確かに存在するのであり、そしてこの優先関係に、何一つ神秘的なところはない。また、この絶対的という言葉にも咎めるべきニュアンスは含まれない。自然に答えの出せる、日常的な出来事なのだ。

ただ、以下のことは直感的に納得しにくい部分があるかもしれない。もしわざといびつに作り込まれた時計が他人の視点で真円に見え、動くはずであるなら、それはいびつなまま私の手元でも動くだろう。なぜならそれは「ただそう見えるだけ」ではなく、事実的関係にあるからだ。いびつな時計が動かないという事実は、それが私の視点にのみ依存しているということを証明する。逆に、私の手元の機械時計が正常に動くということは、他人の視点からの見え方に全く影響されないということについて、事実上無限回の検証を経ている、と理解できる。

見るとは特殊な論理関係に置くことであると先に書いた。論理関係に置くとはすなわち明示されない法則なのだ。論理的な単語で世界を理解すると、いびつな時計が作動することは自然なことと受け入れ可能になる。相対論は極めて主観的な立場で「見る」ように構築されており、感情移入しやすく、いつの間にか1つの視点に固定して考えることに導入されてしまう。私たちは相対論を展開するに当たって、多くのことを現実的に考えず、単に「見て」理解するのである。

そもそも空間が曲がるということに、積極的な意味はない。最大限、言語のあいまいさに寄りかかった理解だからだ。相対論は論文中にちりばめられた数式の存在をもって、厳密に定義された科学であると認識されているが、実のところ、その数式自体が日常言語と同様の多義性をもって現実に関係づけられている。すなわち、1つの定理、「時空は（かくかくしかじかの数式）の通りに曲がる」があったとして、数式の部分ではなくその前提の「時空は」および数式に続く「曲がる」の部分を日常言語として私たちは理解する。

ここで1つ大きな誤解が生じ得る。日常言語のあいまいさと私たちが感じるものは、複雑な現実に適応した極めて有効な道具であることの1つの現れである。私たちが空間というとき、目の前に展開する、雑多なものを含み込んだ全体を指示すると、まずは考えるだろう。最初から現実に貼り付いた言葉が正確であり得ることは難しい。しかし、むしろ数学的な意味での空間のほうが概念として非常に範囲が広いので、そのままでは使い物にならず、日常言語と等しくあいまいであることは、なかなか理解されない。数学の精密さとは、仮想空間内での精密さであり、現実世界に対しては日常言語と同レベルのあいまいさを持つ。そこで「エレベータ内の空間」という絞り込み作業を行ったとして、それが抽象的世界を志向するものであるか、現実に向いたものであるかは、微妙ではあるが帰結においての重大な違いをもたらすという認識が必要だろう。

なぜ真円でもあり楕円でもあるような固形物があり得るという途方もない話を受け入れる気になるのか。私たちはその途方もなさの中に深遠な真実が語られていると思い、これに対する簡単明瞭な反論を幼稚な言いがかりとして片付ける。その深遠さの由来は何なのか。私たちは歪みというものを、まずまっすぐな状態があり、その上で歪みという変化が上乗せされるものとして思考する。つまり常に2つの状態が問題にされている2重構造を、ごく自然に受け入れており、特にその真偽関係については問いただすことがない場合が多いだろう。通常はどちらも現実的な出来事であり、その問いに答える必要はないからだ。

また、ほとんどの場合は優先されるべき事象がどちらであるかが明らかで、問う必要もない。だがもしも順位を問うたなら、優先関係は必ずあるのだ。今の時点で、歪みのない、まっすぐな事実に対する意見がいつも正しいという断定は、早計かもしれない。たとえば曲線がそれ自体としてはまっすぐな状態であると語ることは多少の不要な混乱を招く。

水の入ったボウルに浸したまっすぐの棒が折れ曲がって見えるのは、光の屈折率が水と空気の境界で変わるからだ。正しくそう言うためには両者が別の空間であってはならず、歪みのない同一空間の中に置かれる必要がある。すなわち曲がっているとは、まっすぐな背景の上に置くからだ。棒が「曲がって見える」ことを直截的に「曲がっている」とし、それは空間が曲がっているからである、と述べるのが相対論であると言えば、わかってもらえるだろうか。もちろん棒が曲がっていることを前提とした記述、つまり世界観と、まっすぐであることを前提とした記述、どちらも成立する。しかし記述に付随するいくつかの性質はどちらかにしか使えない。私が棒を水に浸した時、先端に小さなゴキブリがしがみついていたとする。そいつがすぐに浮き上がるのではなく、懸命に棒をよじ登り、茶碗の水を脱しようとする間抜けな選択をしたとしよう。その際に、ゴキブリはまっすぐに歩いたとすることが正しい見方だ。たとえ私から見て曲がったようであったとしても、そいつの6脚にかかる力は曲がった進路を進む時のそれではない。もしこれを精巧な機械仕掛けにしてそれぞれの脚を独立したバッテリーで動かすなら、各々は直線運動の時の減り方を示すはずであり、曲がるときのものではないだろう。つまり、この場合のエネルギー消費量は棒が曲がっていることを前提とした記述には使えないわけである。曲がった空間をまっすぐに進むことと、まっすぐな空間を曲がって進むこと、両者の違いを分けるものは何かと言うに、後者には力学的な記述を付け加える余地があること、そして前者を採用すると何一つ解明できていなくても説明されている気になってしまうことだ。

この時、人は重篤な錯覚に陥りやすい。すなわち、棒が曲がったものである宇宙観がまっすぐであるそれと最低でも等価である（たしかに関数を使って相互に変換できるだろう）、あるいは、たとえば私から見て30度の曲がりであり隣の人からは20度の曲がりに見える、さらに向かいの人からは……等々を合算した宇宙像が可能であり、それは単純なまっすぐの空間を基とした宇宙像よりは広いものである、と。しかし曲がった空間はあくまで単純な空間の一部分にすぎず、そこからの変異としてしか把握されない。たとえばリーマン幾何学というのは歪みの記述であって、歪むためにはまっすぐな土台が必要なのだ。私たちはリーマン幾何学を歪んだ宇宙の記述と認識し、ユークリッド幾何学を平凡な見方とするのであって、逆に考えることは絶対にありえない。それは、長年積み上げてきたデカルトの合理主義やニュートン力学が採用する世界観に私たちが影響されているからではなく、歪みは歪み以上のものではないからだ。

8　部分的な歪みは論理のごまかしを必然的に内包する

歪んだ空間を納得させるためにまず持ち出されるのは全体に見通しのきく形だ。普通のまっすぐな空間を単調な平面に見立て、歪んだ空間を球体の表面や馬の鞍型に比定するわけである。しかし相対論支持者が説明したがっているのは場所ごとに空間の残余が全く違う歪みとして現れる像のはずだった。つまり、教科書に出てくるようなリーマン幾何学の説明と、相対論の主張する空間の歪みは、何となく似ているけれども、実は全く別問題なのである。

それはたとえばこういうことだ。ひと組の男女が夜道をたどっている。男は背が高く、歩幅が広い。上背のない女の方は常に少し遅れがちになる。そこで時々、男が連れに気を遣わせない程度に歩を緩めてそろえる。あるいは、女も時々早足になる。2人の速度が一致することはない。空には満天の星が見えている。

相対論では速度が空間の歪みをもたらすものであるから、2人にとって全天の星は全く違う位置関係を持つはずだ。それどころか頻繁に歩速を変える人は瞬間ごとに、宇宙を違う歪みの下に見ることになるだろう。これはさらりと受け流してしまいそうになる主張だが、ある重大な事実を暗に述べている。すなわち、空の星々から遙かに離れたこの地球上のちっぽけな人間があゆみの速さを変えただけで、数百光年かなたの星どうしの事実的な距離もたちどころに変わると言っているのだ。相対論での歪みが、見かけではなく物理的な実体についての記述であるはずなら、ほかの解釈はあり得ない。だが私たちはこのあからさまな書き方のように考えることはまずないだろう。不思議なことに、この主張の異様さを受け入れる気にさえなっている。

1つ注釈を入れる必要があるのかもしれない。相対論の中で空間の歪みとは主に重力を解説する際に使われる。従ってこの記述の唐突さに違和感を持つ人も多いかと思われる。物体の長さが縮む、距離が伸びる、とは言われるが歪みとは表現されない。しかし公認の解釈として、この男女1対は全く異なる同時的空間を持つとされている。たとえばベガとアルタイルからくる光が2人には全然違う時間軸の、ちぐはぐなものとなって届くということだ。ちぐはぐ、とはランダムではないが地上でそぞろ歩くひと組の距離が素直に光の到達時刻に反映されないということで、ここはイメージに頼る描写で十分だろう。この全体像は、歪みという3次元的な表現がふさわしいと思われる。相対論支持者は例によって、このちぐはぐさが全天の星に及ぶこと、すなわち立体的な広がりを持つことに注意が向かない。少しでも考えたなら、この着想の異様さに気づいたはずではないか。

よくある解説として、たとえば現実の3次元を平面に見立て、全宇宙は球の表面あるいは馬の鞍形であるという標準的な歪みの像を見せられる。それが宇宙であると、とりあえず受け入れてみよう。そこに地球にいる2人と織女星、牽牛星を配置する。確かにこれは歪んだ宇宙像だが、ベガまでの距離25光年、アルタイルまでが17光年、そしてそれらどうしの距離は14光年であることは決定された事実として書き込むことができる。変形の形によって距離は変わっているかもしれないが、その形なりに動かしがたい数値として不変であるべきだろう。その意味は、たとえばこの中で1人が動いていたとして、残りの3者、連れとベガ、そしてアルタイルの位置関係は変わらないということだ。満天の星を描き込めば、それは常に標準形としての役割を果たす。そして歪みとはそういうもので、受け入れる余地もあるのかもしれない、と思う程度のまとまりはある。

しかしながら、相対論の主張はそういうものではない。1人がゆっくりと歩いただけで、この布置図はもう役に立たない。もちろん連れの視点からは共有できる部分は全くないはずで、それはつまりベガとアルタイル間の距離も2人の行動によって自在に変化するのである。これらと地球を結ぶひしゃげた3角が正3角形になるようなことはないにしても。ただしそれは2人が歩いているからであって、超高速の宇宙船を使うとなると、もっと大げさな話にもなり得る。

上記の話を私が一方的に非常識だと決めつけたところで、どこが不都合なのか、何となく掴みかねる人が多いかもしれない。ペンローズという人が、もう少し深堀する材料を提供しているので、それを使ってみよう。

その著書『サイクルズ・オブ・タイム』の主張によると、地球上ですれ違う2人の歩行者は全く別の同時的空間を持つ。〝ずれ〟は遠くへ行くほど大きくなり、アンドロメダ大星雲辺りでは、数週間分のずれとなる。ことさら超高速を出さずとも、遠くのことまで巻き込めば大きな歪みを構築できるということだ。一応原文を書き出しておく（Roger Penrose のCycles of Time: An Extraordinary New View of the Universe.、2010、p82）。

"Two walkers amble past one another, but the event X of their passing is judged by each to be simultaneous with the events on Andromeda differing by several weeks."

2人の歩行者がゆっくりと行き違うとき、出来事Xに遭遇した。その出来事と同時刻にアンドロメダ大星雲で何が起きていたのかということについて、2人の判断対象には数週間の違いが生じる。

そんなところだろうか。時間のずれとは何かについて考えるうえで、まず押えておくべきは次のことだ。光は絶対的な基準だから、時空の伸び縮みや個人の動きに左右されることはない。すなわちアンドロメダ大星雲までの距離を230万光年とするなら、私が向けたレーザーポインタの光があちらに到達するのも、あちらの住人がこちらに向けた光を私が目撃するのも、ともに230万年後であって、これを理屈で動かすことは許されないということである。したがって「同時的空間」が変化するものなら、以下のいずれかの事態が生じ得ることを意味する。

1つめは、2人がすれ違う際に彼方へ向けて放った光が別の時刻にあちらへ届く。2つめに、あちらの住人が数週間の間をおいて放った別々の光を、それぞれ2人がすれ違う際に同時に受け取る。3つめは、あちらの住人が発した1本の光を、すれ違いざまに2人で見るが、それぞれに違う時間に発したものとして認識するので、同じ事象があちらでは2度起きたことになる。いずれも直観的にはあり得ないことだが、理屈として成立するということが相対論の主張である。

なぜこの3項目が並んでいるか、少しわかりにくいかもしれない。ペンローズの認識では、すれ違う2人の時間の進みにずれがあり、230万年というスパンに拡大してみると、それは数週間もの違いになる、ということであろうと思う。そしてその不明瞭な言葉は多くの読者にはもっともらしく響くだろう。しかし、すれ違いの瞬間に私がアンドロメダ大星雲内の超新星爆発をちょうど目撃したが、相手にはそれが見えないとか、見えているのだが実はそれは幻影で、数週間後に本物を見るとか、相手には見えるが私には見えないとか、そんなことが本当にあり得るものだろうか。ありえる、ということが相対論の主張であり、そのためには前期の3項目のいずれか、あるいはすべてが成立する必要がある、ということだ。

2人に区別をつけるために、私と友人ということにしておく。私には友人と呼べるような人物は存在しないが、とりあえずの話だ。相対論の時空概念は矛盾しているので、あちらもこちらも正確に表現するということはできない。時間か空間のいずれか、あるいは他の部分にごまかしを仕込むということになる。しかしいったん絵にしてしまうと、いかにも筋が通っているように思え、それに対する私の説明のほうが間違っているようにとられかねない。世の中にはたくさんの相対論解説書があるが、いずれも必ずごまかしを含むということは覚えておいてよいだろう。おそらく同時的空間を

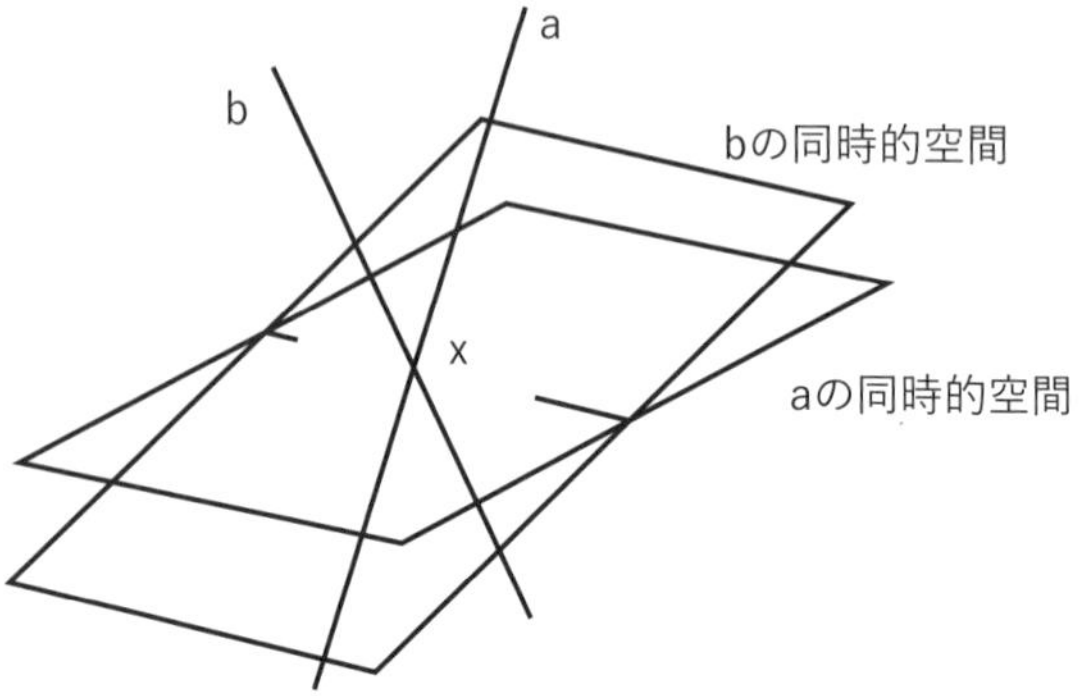

説明する際、相対論支持者の説明図は以下のようなものになると思う。

2本の世界線を交差させ、その1点にそれぞれの同時的空間を適当な角度をつけて描くと、遠くに行くほど広がる形になるので、いかにも正しい主張を聞いた気がする。しかしこの説明図は明らかに間違っているのだ。なぜなら、わかりやすく説明するための当然の設定として、地球とアンドロメダ大星雲の距離は変わらないことになっており、したがって時間の進行速度に違いはない。そうであるなら、あちら側で数週間のずれが生ずるとしたら、すでに地球側でも同じ大きさのずれがなければならないからだ。

第一感は、私のこの意見のほうが間違いであるということだろう。現実に地球で数週間の時間のずれなどという事態を目撃することはできないし、遠くでそのずれは増幅できそうな気がしてしまうから。

ペンローズはおそらく相対論中のいずれかの式を当てはめてみただけなのだろうから、具体的な考えをたどることはできにくいのだが、1例として次のような思考経路はありえる。ただしこれはこの通りに考えたということではなく、計算したことの意味内容が結果としてこうなる、ということだ。

〝私がレーザーポインタを向けた時点の同時刻を求めるにあたって、光が大星雲に届いた時点から230万年さかのぼることにする。しかし大星雲と私は時間の進み方に差があり、その場合に、運動体である私のほうが時間進行は遅いことになる。したがって、230万プラスαさかのぼった時点が同時刻である〟

しかし逆に230万プラスαさかのぼった時点にあちらから放たれた光は、私がこちらで光を放つ瞬間に届くのではない。プラスαの、そのα分だけ前に届いている。なぜなら地球にはすでに届いているのであり、その地球対私の間で、大きな時間のずれなど目撃できない、ということがはっきりしているからである。相互関係が成立していないので、私の光放出の瞬間と、それがあちらに届いてから230万プラスαの瞬間は、同時刻ではない。

光速度不変の原理を守るなら、速度による時間の進み方の違いということは成立しないのだ。相対論において時間のずれは方向性を無視した単純な速度で決定されるので、私、友人、アンドロメダ大星雲の3者が別々の速度を持つだけで条件が満たされるはずである。したがって例えばアンドロメダ大星雲を中点とする巨大な球体の表面で私と友人の歩みが交錯する形、すなわち２人は常にアンドロメダ大星雲から等距離にあるという図でも、同時的空間の傾きは生ずるということになる。

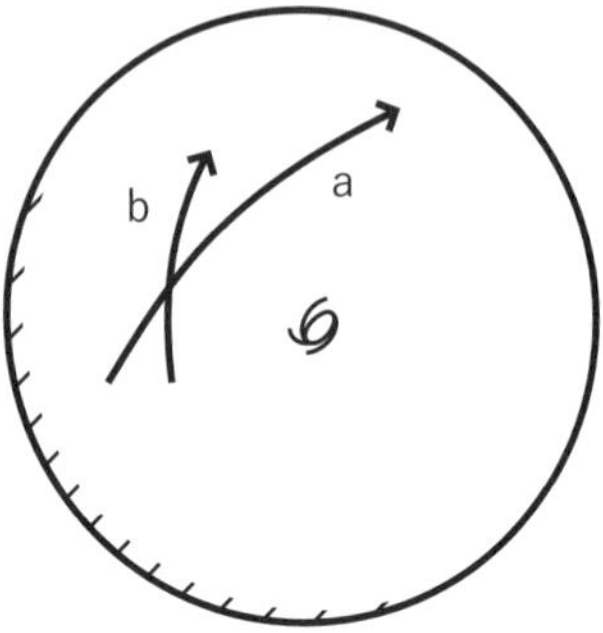

２つの矢印の起点と先端において、大星雲からの光の到達時間はどちらも２３０万年であって、このことはａとｂの長さの如何にかかわらず、すなわち速度の大小にかかわらず同一だ。片方が歩く速度、もう一方がほぼ光速度であっても、やはりベクトルの始点と終点において、そして道中のすべての時点で、光は同じ時間を費やしてａおよびｂに届く。同時的空間の傾きなど生じようがない。ペンローズなどの主張は、２つのベクトルの交錯点においてのみ光の到達時間が一致し、ベクトルのほかの部分では変わるという漠然たるイメージを含むものであると思うのだが、この図のような距離関係においてそのことは成立しがたくなる。すなわち交錯点がアンドロメダ大星雲からの光を同時に受け取

るのであれば、ベクトルの始点どうし、先端どうしにおいても同じ瞬間の光を受け取るはずなのだ。2つのベクトル上のいかなる時点においても、アンドロメダ大星雲から発する光、そして私と友人がそちらへ向けて発する光は同じ時間をかけて、同じ距離を移動して相手方に到達する。

その意味は、3者にそれぞれ時計を持たせたとして、その進行は常に同期するということだ。これは絵に描いたごとく相対論の同時刻についての定義にかなった相互チェックが常に可能な状態であり、時間の伸び縮みが入る余地はない。すなわち、運動状態は時間の進行速度に影響を与えることはできないのである。

ところで、アンドロメダ星雲を取り囲む大球で考え得たことは、そっくりそのまま地球を巡る衛星にも応用できる。つまり地上から衛星までの高さを考えるのではなく、地球の中心からの距離という考え方を取るのだ。わかりやすくするため、モデルに頼ってみよう。小さなステーションを中空に設置し、そこを中心に15万キロメートルの位置に複数の衛星を巡らせる。衛星の速度はそれぞれ違うものとする。

この衛星は非常に特殊な時計を積んでいる。光をステーションに向けて放つと、それはおよそ0・5秒後に到着し、するとステーションはその衛星に向けて光を投げ返す。衛星がそれを受け取った時点を振り子の1往復とみなし、全体の工程を1秒に設定する。

これは最も相対論の原理に忠実な、正確な時計のはずである。ファインマンが光時計というものを夢想したように、根本原理である光を使って時間を計るということが、相対論の理想なのだから、異論の余地はない。

すぐにわかるように、衛星の速度がどうであろうと、時計の進み方は同じである。すべてがステーションの時間の進みに同期するので、それは当然だろう。では、本当は衛星ごとに時間の進みが違うのに、無理にステーション基準の時間を当てはめているということになるのだろうか。

そうではない。相対論の論文も、あるいはヘルマン・ワイルの数学的により洗練された理論でも、それぞれの場所に時計を置き、その同時刻のチェックということに光の信号を使っている。これによって、それぞれの時計が固有の時間を刻み、しかし光信号によって相互チェックは可能であるという漠然とした印象を人は持つことになる。しかしよく諸論文を読めばわかる通り、時計が刻む固有時間より、光信号のチェックが常に正しいのだ。時計の存在はただ「それぞれに固有の時間の流れがある」という印象を作るために使われているにすぎない。ならば話は簡単で、衛星に適当なゼンマイ時計を積めばよい。そしてそれを1秒周期の光のやり取りで厳格に調整する。これで相対論関連の諸論文に見る、同時刻の定義にかなう時間計測システムになる。

ここから導かれる結論は、衛星の速度がどの程度であろうと、時間の進みに差はない、そしてその時間の進みは地球のコアとも同期するのであって、したがって地上の時計とも同期する、となる。つまり相対論の枠内で思考するとして、光速度が一定なら時間は伸び縮みしないし、時間を可変的とするなら光もそれにかなう相対速度を持つことを認めるほかはないのだ。

だから相対論は間違っている……としても、考えるべきはその先にある。私たちがなぜ同時的空間の傾きなどという不合理を受け入れてしまうのか。もちろんこれは難しい問題だし、答えはいくつかあるのだろうが、合理的な説明がどこかに存在する、という気持ちが抜けきれないということもあると思う。しつこく繰り返すが、相対論では光速度は絶対的な基準と見なされ、例えば大星雲に近づきつつある私と遠ざかる友人が、ともにすれ違いの瞬間にレーザーポインタを大星雲に向けてかざしたとすると、光は同時刻に彼方に到着する。ここもしつこく繰り返すが、各人の固有の速度は光速度に上乗せされないからである。到着はおよそ230万年先になる。大星雲に住む生物が偶然その光を目撃するとして、そこから230万年さかのぼった過去が、私と友人のすれ違いという出来事に対する、アンドロメダ大星雲における同時的空間である。これはペンローズが指摘するような、a、bという2つに分かれた点ではなく、必ず1つの時点を指す。そうでなければ、光の速度が違うということになってしまうだろう。たとえあり得ない想定として、私と友人の固有時間が違うとしても、そのことに光速度は影響を受けないということが相対論の基本だった。

ではaおよびbとは一体何なのか。逆に、このa、bのように間隔を置いて大星雲の側から光を発して、それが私と友人のすれ違いのような1点に焦点を結ぶことも、これまたあり得ない。では、このうち例えばa点に対する同時的空間は私たちの側の経験ではどういう形になるのか。

本当は1点に収斂されるはずの同時刻が2つに分かれることが、単純にその時点での位置によるものではなく、速度のパラメータによるものでもないとしたら、1度近づいて、また別の方へ散ってゆく動きということになる。これが時間に反映されるという考えは、なかなか魅力的ではあるだろう。相対論では時空を1と塊のものとして論じ、時間は後から分節されて量が決まる。これが欠点ではなく多くの人に特筆すべき長所とみなされてきた。

だがそこまで時間と空間を密接に関係づけてしまうのはおそらく不当なのだ。たとえば、すれ違うときに1人がくるりと向きを変えて他方に合わせて歩き出すとしたら、どうなるのか。行き違った後、ふとあの顔に見覚えがあると気づき、立ち止まった。あちらも同時に気づいたと見えて、振り向いた。その後は2人でしばらく並んで歩き、昔話に興じた。この場合、私が近づいて彼と並んだその瞬間に数週間分のタイムリープが生じるわけだ。その時間差とはいかなる意味なのか。ペンローズなら同時的空間の傾きがそれに応じて変化した、すなわちそれまで数週間のずれがあったものが、修正されてほとんど重なる形になるだけだと言うところだろうが、光は誰に対しても常に一定の速度を持つと宣言しているわけだから、違う同時的空間を持つ2人が、すれ違う際に全く同じ状態のアンドロメダ大星雲を見ていたと言うことはできないはずであり、なおかつ引き返した後では全く同じ星雲を見ることになるのだ。すれ違う際にも同じ姿を見ていたということと、違う同時空間を持つことが両立するという考え方をとるなら、これは多重世界を肯定するということになる。相対論の引き起こす問題のすべてが、いずれはここに行きつくどん詰まりの場所なので、後で考えなければならない論点だが、現段階では、私は正しいとは思わない、と言い置くだけでよいだろう。

さて、もちろん事前に2人とも「私は230万年前の姿を見ている」と言うはずであり、事後も同じことを言うとすれば、どこかでずれが生じているということになる。すなわち、時間か空間か、あるいは双方が歪まなければならない。もちろん相対論が歪みを立証するための理論だからそうなるはずのものなのだが、歪みの正体を正確に言うことは矛盾を受け入れることなしにはできないはずだ。

選択肢は3つあると思われる。最初の1つはタイムリープをまともに受け止め、向きを変えた人は、数週間分の記憶を全く失った、または数週間分をもう1度経験したのだが、そのことに気づかないというもの。これは私がことさら奇異な結論を導き出したように読めることだろう。タイムリープによる数週間のずれは、私たちの経験の連続性ではなく、大星雲の見え方に焦点が当てられていると思え、なおかつ、そもそも原則論として、この極めて日常的なエピソードに経験の連続性の問題が入り込む余地はないと思えるからだ。つまり客観的状況に解決の糸口があると普通には感じる。

これはタイムパラドックスの一種なので、後で触れる機会を作るつもりであり、すぐには矛盾を指摘しない。今はただ、客観的状況の方に注目する必要がある、という感じ方、そしてその感じ方が何か正しい理屈がありそうに思わせるということだけを記憶すればよいと思う。

2つ目、彼および私の時間は連続しているが、向きを変えた瞬間に確かに数週間ずれた光を見るというもの。これは光を彼の目が捉えるということに問題を限定し、それがいつ大星雲を後にしたものであるかを訊ねているのだが、要するに私がアンドロメダ大星雲を見ている間にも、私のすぐ近くには数週間前の光も降り注いでいると言っているのである。さらに、歩くことでこれだけの時間差が得られるなら、走るなり乗り物を使うなりすれば数年のずれもあり得るだろう。これを敷衍《ふえん》すれば、今この瞬間、アンドロメダ大星雲の生涯にわたるすべての時間からの光を地球は受けていて、その中でどの時代の光を見るかは私たちの行動次第という結論になる。さすがにこれは無視したくなる意見だろうが、ペンローズの言い分を素直に受け止めるなら、実はこれが最も文章の内容に沿ったものなのだ。いかなる考え方をとろうと、全く異なる時刻に大星雲を後にした光を、2人は同じこの地球上で、2人同時に見ることができるのでなければ、ペンローズの主張は成立しない。これはあまりにあからさまに反事実的であるので、そのまま肯定する人はいないだろう。したがってその結論に至る前に思考を止め、時間と空間のもつれ合った歪みになにかしらこれを解き明かす鍵があるのだろうと予想することになる。

3つ目は光が誰に対しても常に一定の速度であるならば、時間の違いは当然距離の違いでなければならないことをまともに受け止め、アンドロメダ大星雲までの距離が変わると認めること。これが、このセクションの初めの方で問題にしてきたことだ。これはもちろんこんな小さな地球上での2人の人間の行動が即座にアンドロメダ大星雲の事実的な（これは何度でも強調しておかねばならない。相対論は、見え方が変わるなどと言っているのではないはずだから）位相を変化させてしまうということであり、あまりに非現実的である。だがこの意見を聞いた人は、おそらく時空間把握には個人的な視点があり得るとの感想を抱き、2人の時空間が一致する必要はないと思うだろう。つまり客観的事実についての極端にあからさまな矛盾は、主観的な把握法に解決の端緒があると感じるのだ。

これは選択の問題なのだろうか。すなわちどれか1つを帰結として認めれば解決するのか。実はすべてが必然的な結果であり、この不思議な現象をひとまとめで語る理屈が必要なのではないだろうか。そもそも、1つの文が3つの異なる現実、むしろ非現実を指し示すことができることが異常なのだ。すなわち、時空が歪むとは、説明できないものを説明したと思わせる万能理論であって、最初から言い訳としての性格を持っている。歯車が真円であることと歪んだ形であることは両立しない。しかし「空間が歪む」という理解不可能な宣言1つで説明済みと思わせる。その一見説明能力の高さと思えるものは、あいまいさにすぎない。だが、私たちはこの3つの選択肢に踏み入る前に、考えるのをやめてしまうだろう。自分が直面している選択肢とは別の、ほかの道筋にこそ何かしら説明可能な合理的解決があると思うからである。しかし道はどれも行き止まりなのだ。

結局のところ、すれ違う2人はそれぞれの同時的空間を持つというペンローズの主張は、彼が一般的な時間概念と信ずるものに基づいた言い分なのだが、ここで扱われる時間は私と友人の進路が交差するという極めて特殊な状況のみに当てはまるもので、どちらかが別の行動をとるや、たちまち説明能力を失う。逆に2人が一緒に歩いているときの時空を切り取ると、別れて別行動をとり始めた後の行跡を表現する際に無理が生じる。ここで扱われる時間は、あるベクトルを持った物体を、その限りにおいて時間と空間の完全に融合した状態と見なしてその中で計算した結果を外挿しているからだ。つまり単に1つのベクトルの分析に過ぎないものを一般的な時空間理論として出しているので、ほかのベクトルを分析する際には役立ちようがないのである。

世界線とはある物体の動きを時空の中で表現しているベクトルだ。時間と空間は切り離しがたく密接に結びついていると言われるが、時空間の中で、ある対象の動きを追うなら両者が1対1に結びつけられているのは当然のことではないだろうか。むしろ、時間と空間の対応関係以外のものを表現から省いた結果が世界線であると言うべきだ。これをもってほかの部分の時空も「これと同形で」深く関係していると言ってしまうのはどうにも無理があるが、相対論の主張は結果としてそういうことになってしまう。

相対論では時間は常に空間との関係に置かれるというスローガンを本当らしく見せるため、視点ごとに違う時間軸を採用する。私の視点での時間と、すれ違う彼の視点での時間は全く異なるものであること、そこまではよいとしよう。では、これがアンドロメダ大星雲を眺めて数週間の時間差が生じると書くとき、この時間差を測る視点は何処にあるのだろうか。もちろんこれも相対化されるはずだから、私や彼のものと同様に、固有名のついた時間だ。しかし相対論支持者はこの視点の由来を明らかかせず、あたかも、一般的な時間概念が存在するかのごとくに語る。つまり先の2つとは違うクラスに属するものとして語るだろう。しかし先の2つを関係づけるに足る、1段階一般的なクラスの時間概念は、相対論には存在しない。なぜなら、私と友人の行動が全く同じであるとして、それがアンドロメダ大星雲での時間差が数週間ではなく、ゼロないし無限大にまで変化しうる視点が必ず存在するからであり、数週間という確定した量になる理由は全くないはずだから。

古来、著名な思想家や科学者の多数が、単なる語り方の問題に足をすくわれて幻想の虜となってきた。対立する2項だけに着目すると、対等な現実のごとく見えがちであり、実はあきらかな包含関係があるという事実は忘れられ易いものだ。普通の文脈で語られるなら、水に半分浸した棒は、曲がっているのではなく、そう見えるだけであると誰もが結論する。すなわちまっすぐであることと歪んでいることについては、ひっくり返しようのない根本的な優先順序があると理解できる。これは、まっすぐであることが真実であると言うのではなく、文字通り考え方の優先順位の問題であるとする主張である。しかし宇宙からの光が空間の歪みによって到達時間も位相も変わる、と語られるとちょっと信じてみてもいいと思ってしまうだろう。おそらくそれは意図的、すなわち詐術なのではなく、相対論学者の思考の筋道通りに語られているのだ。だからこそ私たちも自然に誤解を共有してしまうのだろう。

9　ブラックホールは実在できない

ブラックホールの現実性は主に2つの観点から否定される。1つは、重力というものがそもそも空間の歪みではないため、次元を突き抜けるというブラックホールの理論に全く根拠が存在しないこと。もう1つは、無限大の重力が不可能ということ、である。

重力が空間の歪みではないということは、エレベータの思考実験が、全くその名に値しない子供だましであることで、ある程度察してもらえたと思うが、あの意見で納得できない人が多いことも、また理解する。

誤解を広める原因の1つは、人に良く知られた、ブラックホールのイメージ画にあるものと思われる。ぴんと張ったゴム膜状のものが沈み込んだ形を重力によってできた歪みに見立て、そこへ天体が引き入れられるように落ち込む図である。落ちるということを視覚化している時点で、見る人は自然にそこに重力が作用しているという先入観を持つ。しかし歪むということは単純に歪みがあるということに過ぎず、天体がその穴に落ちてゆく必然性はない。

天体の動きは複雑なため、それらが正面からぶつかりあうということはめったにないが、重力とはとりあえずまっすぐに引く力とみなしてよいだろう。まっすぐに引くが、周囲の状況の複雑さで、さまざまな変異が生じ、まっすぐな軌道にはならない、という理解が正しいのだ。すると空間の歪みとは何なのか。どの方向へ引くのか。明らかに高次元の世界を考えているわけだろう。

まず単純なことを言うなら、明快な事実として4つ目の次元など存在しない。少なくとも、直観の対象として私たちの生活環境に出現することはないはずだ。ここまでは誰も積極的に否定しないと思うのだが、しかしその意見は幼稚であると嘲笑する人が大半であることも事実だろうし、相対論に批判的な人も、これには賛成しきれないかもしれない。それがよくわかるのは、これまで相対論を批判してきた人たちのうち、かなりの部分が量子論は無条件に正しいとしているらしいことから察せられる。

高次元の存在は理論的な要請であって、あくまで直観的事実にとどまるならば難解な議論は必要ない。要請と現実との間に何とか折り合いを付けようとするとやっかいなことになるが、私の考えでは相対論が間違っているのだから、そもそも理論的要請などが存在しないことになる。もちろん、これで納得する人はいないだろう。

超弦理論をはじめとして、他の分野でも高次元を認める考え方がいくつかあり、そのことが相対論の批判者すら少し躊躇してしまうところなのかもしれない。しかしこういう愚にもつかぬ疑似科学を広めた元凶が相対論だったのではないだろうか（ここで疑似科学という強い言葉で非難すると、使った側の信用度が下がることは承知しているが）。私たちの生活の場に、直観的対象として高次元が存在しないなら、それは存在しないのだ。理論的要請とは、ある種の比喩として扱うということにほかならない。たとえば時間を4番目の次元として扱う時空概念ならば、相対論とは無関係に利用する。その場合に、時間と空間は全く性質の違うものであることを承知で、概念空間の内部でのみ使うわけであり、現実的ではないことを理解しているはずだ。これを比喩と言う。したがって、ここから文字通り高次元空間が現実にも存在するという飛躍は否定するのだ。

2次元は直交する2本の座標軸で表現される形であり、3次元はそのいずれに対しても直角に交わる座標軸を設けて表現する形である。したがって、空間としての4次元とは、その3本のいずれに対しても直角に交わる座標軸を「現実に」引くことができる状態を指す。単なるパラメータを1つ2つそこに加えて演算処理の対象にすることは、科学理論としての正しさを主張することは可能であるにしても、新たなパラメータは明らかにそれまでの3本の座標軸に記されたパラメータとは別の性質を持つものであって、これを4つ目の次元と語ることは単なる比喩だし、空間論であると言うなら明らかな間違いだ。前者と後者の違いははっきり維持するべき点である。

高次元空間が実在するという論法として、以下のような擁護がありふれた形だろう。ある人間の個性を、例えば4つのパラメータで表現すれば4次元的存在であり、5つのパラメータを使うなら5次元的存在となる。年齢、性別、身長、人種を入力パラメータとするならその人は4次元的人間であるし、これに職業を加えて5次元の存在として記述することも可能だ。次元とはこのような思考法のことであり、宇宙を高次元で記述する科学に抵抗を感じるということは理解しがたい視野狭窄と言えないこともない。

しかしながら例えば人種と職業とを直角に交わらせた座標上に描く操作は可能だが、実際にこの2つが世界の中で直角に交わっているなんてことはあり得ない。このように言うことが冗談にもならない程度にばかげたことである。だとすれば、この2つのパラメータは空間における「次元」とは全く別ものだろう。私たちは、空間的に作画された図表上に、いろいろなパラメータを、視覚的情報として表現できるという、それだけのことに過ぎない。パラメータそのものが実際の空間で直交しているわけではないのだ。

高さ、幅、奥行きのパラメータは実際の空間で直交している。3次元とは、空間内のある位置を指定するために基準点からの距離を示す3つのパラメータが必要であるということと理解できるだろう。全く独自の座標系を考案して、それは位置指定に4つのパラメータを使う必要があるとしよう。この座標に3角錐を置いてみて、では3角錐の形が変わるのだろうか。変わるなら、私たちはその座標系は不正確であり役に立たないと言う。2次元であるとか立体であるとかいうことは、比喩を廃した厳密な意味で使うならものの形についてのみ語れるのであって、形以外の性質を巻き込むべきではない。

超弦理論について詳しく語るつもりはないが、これが高次元を扱う理由は2通り考えられる。身の回りにあるありきたりな大きさの物体のごとくには位置を特定できる対象ではないということから高次元が必要なのかも知れないし、あるいは形や位置以外の性質を表現するために付け加えられたパラメータなのかも知れない。いずれにしても、例えば超弦の代表的な解の1つであるところの9次元であることは比喩であると言えるし、存在論にまで敷衍した主張は完全に間違っていると言い切れる。無知ゆえの乱暴な決めつけと驚くだろうが、一般人の感覚ではそうなる。そもそも超弦理論が単なる解（これは理論としての場所を指す）ではなく高次元を直接要求するという考え方は、相対論の名目上の成功から安易に高次元を現実のものとして語る悪習が蔓延した結果であると思われる。

私たちが高次元を信じてしまうのは、一般的な思い込みとは逆に、低次元の存在を信じているからだろう。2次元世界があり得るのなら4次元世界もあり得る。つまり4次元とは、1次元空間が存在し、2次元が存在するという信念を、さらに押し広げた先にある。

しかしそれら低次元の宇宙は現実には存在しない。よく引き合いに出されるホログラムにせよ平面絵にせよ、最低でも素粒子の厚みを持つ。あるいは、プランク定数の厚み、とするべきものだろうか。いずれにせよ、それが2次元であるとするのは、厚みがないよう見立てるというたとえ話にすぎない。どんなに薄いマイクロチップを作っても、それは3次元的物体であって、全く厚さを持たない2次元の存在ではない。厚みを持たないものは、万が一あり得ても、3次元のこの世界に全く関係も影響も持ち得ないだろう。持ちうると考えるのは3次元のこの世界の性質を誤って2次元に投影するからだ。エネルギーもほかの物体との干渉も情報の蓄積も3次元的な存在のみが持ちうる性質であって、その性質を頭の中で抽象的に操作するとき、2次元上でも同様に展開可能だと思える。しかし私の目の前に皮膜のように2次元世界が広がっているとして、私はそれに触れることはできないだろう。手を差し出して、皮膜を突き抜けるとして、そこに別宇宙があると知るためには、私の手に何らかの抵抗が与えられなければならないが、それはやはり厚みを持つものの性質を、ただ空想の中でだけ、その皮膜に与えるのである。なぜならそれは空間という数学的構築物の断片であり、まさに空間という性質、しかも現実の空間ではなく数学的な空間の性質しか持ち得ないのだから。

そしてまた、私たちはなぜ薄い皮膜のようなものとして2次元世界を考えてしまうのか。それは点のランダムな集合であってよいはずだ。もちろんそれならば3次元も同様にランダムであってもよいわけだが、現状のような秩序だった存在として成立している。私たちの想像する2次元世界が、その秩序に対する比喩としてしか成り立っていないということの反映が、薄い皮膜のような世界ということになるのではないか。

私たちは1つの2次元世界をどこまでも平坦な1枚の紙のような形で想像し、それを重ねることで3次元になると思い込んでいるが、いくつかの紙世界が互いに交錯するような形で存在することもありえることになる。それならば2次元の存在のままで別の世界に行き来できることになるのだろうか。世界を限定する方法はないのだから、結局のところ2次元が3次元の中にあるなら、1つの2次元世界は他の無数の2次元世界と交錯した状態で存在すると考えることもできる。その場合に世界の独立性の要素とは何なのか。……いや、こんな思考を重ねても無意味なのだろう。

不思議でならないのは、4次元の存在は無条件に下の次元にアクセス可能であるという想定だ。それが事実であるなら私たちは2次元世界を目撃しているはずだろう。

しかしそんなものは断じて存在しない。少なくとも、アクセス可能ではない。

これに従って類推するなら、4次元世界なるものがもし存在したとしてもこの3次元とは無関係である、ということだ。従来それは、私たちは4次元世界の事象に触れることができないという形で理解されてきたが、4次元の住人こそが私たちに触れられないという理解が正しいのだろう。それを言うなら2次元の住人どうしは触れあうことすらできないのだが。なぜなら触れるということが3次元の性質だから。

ぴんと張ったゴム膜に鉄球を投げ込んでできた、そのへこみが重力であるという類の説明は、3次元の住人である私たちの認識を紙の世界に投影したものだ。もともとそのへこんだ形が2次元の世界の形であってはいけないのか。しかし単調な平面が重力の働いている状態であるという逆転した説明にした場合、誰も説得力を感じないだろう。まっすぐに引き合うという当たり前の説明が、なぜか相対論信者には通じないということの延長である。本当は、紙に人の絵をかいて、折ったりくしゃくしゃに丸めたりしても、その「人」にとって世界は何の変化もないはずなのだ。つまり、すべてが漠然としたイメージに頼った理屈にすぎない。

そもそも現実の宇宙で直角が次元の数を決定するほどの格別の意味を持つというのもおかしな話だ。定規を使うことで座標を描くとものの動きを捉えやすく、さらに軸を直角に交わらせることでうまく割り切れた3本の軸で全体の把握が楽になるという便宜のためであり、宇宙の構造にこの次元なるものが組み込まれているわけではないのだから。もし科学が3つの座標軸のほかに虚数の方向を要求するのであれば、それは単に数学的表現の手続きとしてその方が便利だからである。つまり座標軸というのは0本から1つずつ足し合わされてゆき、それに応じた世界が存在するという類いのものではなく、立体としてしか実在し得ない宇宙を3つの成分に分けたらこうなるという思考上のシステムなのだ。

高次元存在を強く信じさせる理由の1つが数学的実在論なのかもしれない。例えば虚数を必要とする事象があった場合に、それを手続き上の問題と考えずに虚数という数学的存在が宇宙の中にあるとする立場が数学的実在論である。むしろ積極的に、宇宙は抽象的な数学的構造しか有せず、私たちが見るこの具体的な世界は何かの都合で構造の断面を存在として顕現させたものに過ぎない、とさえ言ってのける人もいる。こういう見解にとって、4次元が数学として正当な語りであるならそれは現実に存在しなければならないことになる。

今日、あからさまに数学的実在論を支持する人はさすがに偏屈なごく少数だと思われる。それでも高次元信仰は払底されない。相対論の反対者にも数学の得意な人が多く、その点に引きずられて高次元の存在については何となく態度が煮え切らないようにも見受けられる。数学に対する過度の信仰に警鐘を鳴らしているが、相対論にあって数学の威力を最もグロテスクに拡大した部分が高次元世界だろう。大変微妙な点だが、実在論を信じるというほど強い気持ちがなくとも、否定しにくい部分はあるのだろうか。

ここでわざわざ強い意味での数学的実在論を否定しても、屋上屋を架す行為にしかならないのかもしれない。ホーキングやペンローズの著作を読んでいると、日常的な部分からいとも軽々と非現実の世界へ、またはその逆の動きを、数学の力を借りて往復している。それはミンコフスキーやワイルといった初期の伝道者たちから引き続く伝統で、彼らを動かしているのは実在論という言葉とは別の、もっと無意識裡の価値観なのだろう。しかしそういうものを考えるにあたって、私の方はもっと意識的な言葉を使わざるを得ない、という事情がある。

宇宙は幸いにも単調なカオス状態ではなく、いくつかの秩序を内包する。秩序は数学的に描写するのが最もふさわしい把握方法である。だが一歩進んで、数学的構造こそが宇宙の存在そのものであると考えるべきなのだろうか。よく引き合いに出されるのは、量子論の成功が、表面的な日常感覚よりも隠れた数学的構造を優先するべきという考え方の勝利を例証したということだ。もしそうなら、4次元どころか、無限の次元を持つ空間について語ることも宇宙論として可能になるし、むしろ、積極的に語るべきということになる。

数学はもちろん独立した世界を形作る体系だが、客観的な世界を描写する際には言語の一種であると見なされるべきであって、客観的世界そのものではあり得ない。以下はごく簡単な算数だが、数学の言語的側面は示せていると思う。

2+3=5は2つのミカンと3つのリンゴを合計して5つあるとするときにも、2つのミカンと3つのミカンを合計するときにも、あるいは2人の人間がいて、1人はリンゴ1個とミカン1個の組み合わせを2つと報告し、もう1人は3つの桃を3つというので、合算して5個である場合にも、いずれも正しい表現と見なすことができる。しかし2つのミカンと3つのミカンを合計するときのみ正しいと言うことも不可能ではない。ではこのとき除外された例は、2+3=5という数学的構造を分け持っていないと考えるべきなのだろうか。もし構造が普遍的であり、除外されるべきではないとするなら、「5つともミカンであるときのみこの数式が正しい」という意見は全くの間違いであることになる。意見としては部分的に正しいが、数学的には間違っている、と言うべきなのか。あるいは、数字をその都度定義することによって「5つともミカンである場合のみ正しい」という意見の正しさを部分的に肯定することが可能になると言うべきなのだろうか。それでも、根本的には間違っているということには変わりがない。これは中々に抵抗のあるところだ。なぜなら、根本的に間違っていると言いうるのは、数学的実在論が正しい場合の話であって、一連の紛糾はむしろ数学的実在論を正当化するために生じているからだ。

今、すべてを果物に当てはめて論じた。しかしながら対象をこの世界すべての存在物に拡張できることは明らかだ。3を恒星の数とし2を誰かの顔の黒子の数とすることも、3はバクテリア、2をコップにつがれた水を1個と数えた場合と言うことも可能である。私がわざと奇矯な例を挙げているように思えるかも知れないが、1という数字が与えられたとき、私たちはこれによって宇宙に存在するあらゆるもの、あらゆる任意の集合体、ひいては宇宙そのものさえ「1つ」という数え方で表現できることは事実だと思われる。あるものを1つと数えるということは、そう見なされるに足る客観的な存在理由があるということだ。

ところで哲学にはメレオロジーという考え方があって、いすの背もたれと脚とがいすという1つの存在物の部分であるように、太陽の中の1電子と私の鼻との組み合わせで1つの存在物と見なすことも可能であるとされる。もちろんこれは人間である私が考えた組み合わせなのでまだ意味が残存するが、全く無意味な要素をもとに無意味な集合体を作ることも可能だろう。そのあらゆる任意の集合体の組み合わせに対し共通の構造が存在すると言いうるのなら、その構造は無意味であることは明らかだ。

たとえば2+3=5の解答例として6個のミカンを差し出すことも可能だった。その内訳は外国産のものは個数に数えないとした上でそれが2個、少し大きめのものは1個プラス半分の価値があるとした上でこれが2個、そして通常のものが2個である。これは不当な言いがかりのように思えるだろう。しかしながら最も基本的な答えに立ち戻るとして、5個のミカンを差し出すとき、形も大きさも同じではあり得ないこれらのものを同じ1と認識することはそもそも正当と言えるのか。この部分はどうにでも理屈を付けられる問題に過ぎない。

もちろん無意味になることを避けるために定義があるわけだ。実はこの場合の定義には2通りあって、1つは数学内で2+3=5の意味を説き明かすこと、もう1つは自然数の部分に何を代入してよいのかを決めることである。後者はこの与えられた式と現実とのつながりをどう見いだすかという話であって、各人が全く任意に設定できるものだ。私たちは日常生活の中で、この「現実とのつながりの設定」を極めて自然かつ無自覚に遂行している。あたかも客観的な世界にその設定が存在していると誤認してしまうほどには自然に、である。したがって私が「宇宙そのものも1個と数え上げることが可能である」などと言って、それは構造として無意味であると結論することがいかにも不当な言いがかりに思えてしまう。

しかし2+3=5はその内部構造を持ち、無意味ではない。宇宙そのものの構造と見なすとき無意味になるということだ。2+3=5の内部構造を言語的な使い方で宇宙の構造を描写すると考えるとき、初めて全体が首尾一貫した理解可能なものになる。ここで数学的実在論の本来あるべき意味がはっきりする。数学は1つの学問として完全に独立しており、自然科学の成果によって結論が左右されることはない。そしてその内部は数学自身の定義によって決められる。これは大変当たり前の主張で、わざわざ強調する必要は本来ないはずなのだが、この数学の独立性ということが相対論の学者によってはなはだ粗雑な使い方をされてきたわけだ。すなわち数学の内部で2+3=5の意味を言うことと、これを世界に当てはめて数字の内容を定義することとの間違った同一視である。

今でこそ、批判者はアインシュタインの数式が非現実的な結果を導くことを言い立てるが、彼自身はおそらくもっと地道に、現実と数式の示唆するものの一致ということを考えていたと思う。神はサイコロを振らないという言葉で有名な、量子論における実在論の論争で彼が負け側に立ったことは、むしろ数式の持つ現実性を切実に希求していたことを表すのかもしれない。数式が現実と遊離していると彼が感じたということは、数式は現実的であるべきであるという信念が存在していたということなのだろう。「現実的であるべき」と「現実であるべき」との距離は、「現実的であるべき」と「現実の表現であること」よりも、もしかしたら近いのかもしれない。大変不幸なことだが。

以下の部分で、一応量子論が正しいような書き方をするのは、私としては不本意なことである。なぜなら、量子論はかなり初期に相対論の成果を組み入れてしまっており、そのせいで理論的に整合性が取れない事態になっているということが私の判断だ。そういう点を勘案して読んでもらえればありがたい。ちなみに、既出のアルテハその他、そう主張する学者は若干いて、ペンローズも矛盾に対する見直しが必要であるとは言っている。私のオカルトじみた偏見と決まったわけでもない。

量子の振る舞いは複素数を用いなければ表現できず、少なくともテニスボールのようなものではないとして、そこにあるのは複素数という数学的存在ではなく、複素数を用いなければ表現できない何かということだ。そもそもあの論争で敗れたのは量子もテニスボールのように振る舞うべきであるという旧弊な偏見であろう。この偏見に賛成しない人はすべて数学的実在論者であるという結論は私には全く理論的なつながりが理解できないが、相対論支持者の主張は結果的にそういうことになってしまうのだ。つまり実験結果というのは目の前にある現実的な出来事であって、現実にはあり得ない何かを示唆する訳ではない。数学的実在論というのは、この出来事に、現実にはあり得ないものという意味を与えた上で、改めてそれは数学的存在そのものである、という理論操作をしなければ正当化されない。実際には、現実にはあり得ないのではなく、日常的に目にする物体はそのように振る舞うことはない、ということだ。すなわちテニスボールのように振る舞うものでなければ現実的ではないという前提がここにはあり、この前提の出所は自分の素直な考えではなく、多くの人は素朴にそう考えるに違いないという傲慢な先入観にすぎない。

虚数すなわち2乗して-1になる数字の現実例として、座標上に打たれた点を2度回転移動させてマイナス域に持ってゆく方法がある。虚数が現実的な意味を持つことに感動するあまり、数学の現前そのものであると誤解する人の多い説明法である。波動関数に含まれる虚数が量子の回転移動を意味しないように、もちろん虚数は回転移動ではない。座標で説明するなら回転移動として表現可能である、ということだ。1つの表現形がすべての性質を尽くしているかのごとき議論は、相対論のすべての面で現れる悪しき思考法だが、これも類似の形をしている。昔から存在する還元論の一種であると言えば、それだけのことだ。しかし還元論として非難される従来の形は、還元先も還元される現象もともに実在するものであるという最低限の保証があった。その場合には、因果関係が存在するという錯覚に基づく間違いが還元論という予期せぬ結果なのであり、これは研究によってただすことが可能なものである。しかし相対論においては実在するものと表現形、あるいは実在するものと概念の間の同一視なのであり、これは実証的研究によって間違いが明らかになるものではない。思考のみが決論を下せる。

量子論での議論は、実験結果を表現するには波動方程式が必要であるという事実を確定させた上で、数学的実在論の問題が取り沙汰されているわけだが、空間が4次元であるということは数学的実在論を前提としなければ成立しないと思われる。すなわち、もし3つの座標軸のほかに虚数の方向が必要であるならそれは数学的表現の都合上の問題であると割り切ればよいのだが、実際にもそうでなければならないと考えることがこの立場だ。これに対しては、事実としてその第4の座標軸を描いてみせることはできないではないか、と答えるしかないのだが、おそらくそれには「3次元の住人である我々には4つ目の次元は感知できない」という反論があり得るのだろう。だがこれこそが数学的実在論を前提としなければ導き出せない解決であって、そもそもこちらが納得しかねる点なのだった。

この簡単な要約は殊更極端な解釈に拠ったように見え、実在論の主張者を満足させないだろう。しかし数学的実在論が結局そこに帰結するということを先回りの形で述べてみたのだ。この立場をとる人は、数学はそれだけで独立した美しい世界を形成すると言う。つまり数学のみが構成できる宇宙があるということだろう。このことの意味は、数学のみが表現できる宇宙の一部分があるということではなく、爾余《じよ》の宇宙とは無関係な数学の論理空間が存在するということだ。ではそこから得られる教訓は、我々の経験的世界と数式との関係について、従来考えられていたよりもいっそう慎重な扱いを要する、ということになるはずではなかろうか。論理空間のある部分は宇宙そのものであり、ある圏域からは無関係になる、ということは考えにくい概念だ。ここで間違いやすいのは、宇宙はすべて数学によって表現できるという、とてもありそうにない前提を置いたとしても、数学的空間の内部で区別をつける必要はあるということである。それならば、数学的議論のみで現実か非現実かが決まることになる。いうまでもなくこれは実証的科学の放棄だ。

しかし不思議なことに数式の組み立てに頼った放恣《ほうし》な立論をむしろ擁護するためにこの間違った意味での数学的実在論が採用されている。それが強すぎる言い方なら、ある理論の正しさを確認するべき経験論的な基準を緩めるために主張されているわけだ。彼らの意見では、世界は客観的である、そして数学も客観的に外に存在する、従ってどちらも客観的な真理を形作る、ということになる。この三段論法は単なるイメージによって信じられている。そのイメージを補強するのは、直観的な（本当は経験的な）意見は常に数学的理論によって否定されるという先入観をうまくこれが醸成することだろう。しかし数学的に表現するとは極端に簡便化するなら目分量ではなく定規を使って測る、腹時計ではなくデジタルクロックを使うということに過ぎない。定規の目盛りを読むことは、目測よりは理論的とは言えるかもしれないが、直観という表現を使うならどちらも同じく直観的であるには違いないのだ。現象の背後に数学的実在があるなどという途方もない世界観を必要とするものではない。

存在論とは、何かを無条件に絶対的であると認める立場であって、しかしその意見がある意図や文脈の中でのみ成立する考え方であるにもかかわらず、そのことを論者が自覚できないという状態を指す。一部の学者が数学的実在論をことさら持ち上げるのは誤解しているのだろうが、意図的な戦略なのかもしれないと思うこともある。数学という学問が人間の意志や経験科学からは独立しているという意味で主張されるなら異議を差し挟む余地はなく、この場合においてのみ正しい説明だ。しかし明らかにこのような意図から実在論を言う人は皆無だろう。それは本来数学という学問の独立性を主張するべき考えだったのだが、学者あるいは科学評論家たちによって単に素人を威嚇するための道具になりはてた。私が最初にこれを否定したのは、数学的存在が時空間の中にあるという意味で実在するという意味を持つからである。数学は観念的である、と当然言わねばならない。もちろん、そんな意味を持たせたつもりはないという返しになるのだろう。それは時間を超越したプラトン的な世界であることは誰もが知っている。では数学の厳密な構造は否定されるのか。もちろんこの意味では1つの世界を形成する独立の存在だ。だからこそ、時空間に属する通常の存在物との関係を述べるに当たっては用心深くあるべきだろう。もし素人の直観的判断を否定する都合だけで長々と数学の目もくらむようなすばらしさを説くのであれば、そしてそれが相対論擁護の一手段とされるなら、時空間に属するものという意味での存在をそれに与えていて、当人だけがその意識を持たないのである。

この錯綜ぶりに惑わされる必要はない。すべてのものが時空間で表現される宇宙の中にあるわけではないからだ。例えば民主主義、制度としての学校、基本的人権など、枚挙にいとまはない。それどころか、言語で表現できる大抵のことは時空を超越している。それらを無理に空間の中に定位する必要はないのだが、そう考えたがるのが私たちの習いとなっているだけのことだ。間違った意味での数学的実在論とは数学的概念のみが時空の羈絆《きはん》を免れていると信じることだろう。それは全くの逆である。

科学という部門で応用される限り、数学は単なる言語の一変種だ。学問としての独立性を言うなら、直観主義は必要ない。しかし、経験科学を名乗るのであれば直観の裏付けが不可欠であり、さらにつけくわえるなら、理論物理学とは人を惑わせ易い呼び名であって、観測データという経験的材料を最もうまく説明する理屈ということだ。

その意味で、数学は非常に正確に世界を描写するが、とりもなおさず「描写」しなければならないのである。ある法則の定数が2Rであって R でも3R でもないということは世界が決めることであって、数学という思弁ではない。突き詰めて行ったらもっと根本的な原理から単純に数学的に求められるということも数多あるだろうが、それは全く別の話だ。宇宙のすべてが数学的手続きだけで決まる訳ではないから。この「全く別の話である」という部分が理解しにくく、またすべてが数学的手続きだけで決まるという信念にも結びつきやすいところか。ある事象が数学的に記述可能であるとしたら、数学的実在論は否定される。なぜなら、世界に数学的実在のみが存在するなら、なぜその特定の式で表現されるのか理解不可能になるからだ。これに対する反論は多世界解釈を支持することではないだろうか。

ブラックホールが否定されるもう1つの理由は、無限という概念の性質からである。無限大の歪みとは何だろうか。例えば1枚の紙を2次元世界と見立てて、それにねじりを与えることが歪みということになる。この時、そこに描かれた人がおのれの歪みを認識できるとしたら、その人はすでに3次元の存在なのではないだろうか。もとより、歪みがあるということですでに3次元が前提とされているということになる。丸めるとか、へこませるとかは3次元の中での行為だ。さらにその歪み具合が無限大ということであれば、紙のへこみは3次元を突き抜けたものになるはずで、次元を1つ上げるだけでは足りない。それはどこまで行けば止まるのか。2次元の歪みは数学的な表現として理解できると同時に現実として把握できるような気がしてしまう。3次元の歪みも同様であると思うのはただの勘違いではないか。

無限大の概念を人はなぜかそこにあるものとして考える。たとえばブラックホールは内部に向かっての無限大の後退速度を持ち、したがって特異点では無限大の重力を持つとされる。無限大の重力とは無限大の吸引力だ。これが意味するのは、たとえ数億光年離れた場所であろうと私たちに対し無限大の吸引力として働くということ以外のものではありえない。どんなに大きな力でも十分な距離があれば微弱になる、と考えるのは有限の質量や有限の力でこの問題をとらえているからである。無限大であるとはまさに影響が限定されないということだろう。特異点という概念だけが、この力が局所的なものであることを理屈抜きで言っている。つまりごまかしているのだが、誰も問題視しない。なぜかと言うに、この部分だけ、重力が「光の脱出速度」に還元されているからだ。光が脱出できない領域があり、脱出可能な領域がある。そう言われると、無限大の重力の意味することなど忘れてしまう。単なる速度であるなら、光速度を上限として次第に弱まるというイメージを簡単にもちうるだろう。しかしながら、もし太陽が無限大の質量をもち、かつ無限大の重力を持つと考えると、その影響力はやはり地球にとっても同じく無限大であると理解できるはずだ。銀河系の中心がよく言われるような大質量のブラックホールであるなら、その重力は我々に対しても無限大であらねばならない。

この記述に対して、どうしても無限大ではなく、「とても大きな値」という感覚で対処したくなるのである。すなわち、それでも中心近傍と地球程度離れた場所では少しは違いがあるはずだろうと。しかしたとえ宇宙の果てにあろうと無限大の重力を持つ物体は私たちに無限大の重力を及ぼす。無限大とはそういうことだ。なぜなら脱出速度とは重力の強さの指標にすぎず、重力という力そのものは脱出速度プラスなにものかであるはずだから。それはちょうど、虚数を座標上の回転移動だけで語ることが間違いであることと同じだ。

もちろん、空間の移動と重力を同一視する等価原理が全く正当性のないでたらめ極まる主張であることは改めて繰り返すまでもない。すべて論じ方は同じで、重力を脱出速度という条件でのみ発揮できるような環境を作れば等号で結べるような気がするのだ。

2つの誤解、もちろん相対論のほうから見ると私の不理解がここに重なっている。重力の強さを、私の側から重力源へ向かってゆくにつれ次第に増加する力として概念化すると、ついに無限大に至ることがなんとなく思考できる。本当は「非常に大きな力」に到達するだけなのだが。しかし重力源として無限大の力を置き、それがこちらに向かうにつれ逓減すると考えると、いかなる遮蔽物も、たとえ時間という障害であれ、無限大をそれ以下にすることはできないと直感的に把握できるだろう。ただし第2の誤解が、私は一方通行的だと見る相対論の世界観を双方向的なものであると錯覚させる。お互いが重力源であるのだから、もちろん相互的であるほうがよいのだ。しかしここで論じているのは無限大の力を放出するとされるほうに限った話であって、双方向的であることはむしろ論点ずらしでしかないと非難される恐れがある。この論じ方は私が殊更恣意的に持ち込んだものと言えば言えるだろうから。

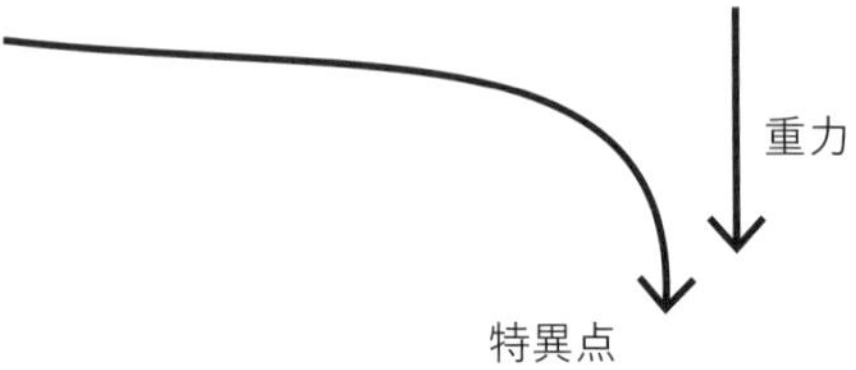

すなわち、重力の脱出速度への還元だ。光速度という上限が決まっているのだから、ここに無限大の入る余地はない。光速度に等しい脱出速度は単に定義上無限大と同様のふるまいとして理解される。しかし重力は加速度そのものではない。一定の状況下において、加速度として扱えるというだけのことだ。脱出する必要のない物体であれば速度の計算は必要ない。

イメージのみに頼った理屈がもうひとつ、重力は空間の歪みであるということから生じる。

それは上図のような形で理解することだ。

ブラックホールから遠い領域について、重力は平坦なもののごとくに描かれるが、近づくにつれ急激に奈落を目指す形になる。これは大変もっともらしいイメージだが、相対論は常に相互的なものであるとすれば、この奈落の底から我々を見る視点も当然あるはずなのだ。つまり、あちら側からは私たちの存在がブラックホールでなければならないということである。私たちはまさにブラックホールに飲み込まれつつあり、時間が無限に伸びゆく瞬間を経験しているなどとまじめに論じる学者もいるようだが、彼は一体何をブラックホールと目するのか。多分、何か抽象的な虚空を思い描いているのだろうが、実は太陽かも知れないし、地球かも知れない。私の目かも知れないし、私の細胞1つ1つかも知れない。本当はすべての存在がブラックホールであると言うしかなくなるのだ。なぜなら銀河系の中心部が無限大の重力を持つなら、その特異点から見ると銀河系のすべての部分、いやそれどころか宇宙のすべての部分が特異点になるから。相対的であるとはそういうことなのではないか?

10　真の相対性は絶対時空間でのみ実現される

ニュートン力学は絶対時間、絶対空間を思想的背景としていると常に言われる。すなわち宇宙を外から眺める視点で描かれる世界観ということである。だがそれは事実ではない。閉ざされた空間、そして中心に太陽があるというコペルニクスの宇宙像とニュートン力学との組み合わせなら確かにそうなるのだろう。しかしニュートンは時空を無限大とした。

残念ながらその深い意味を理解する人は少ない。コペルニクスの宇宙ではある人の居場所が決まれば、外から見ても同じ位置にある。しかしニュートンの無限宇宙では、外からの視点は取りようがなく、内部から参加するしかないのだ。したがって真の相対性が確立される。この言葉は、無意味な形式論のごとく、最初は響くだろう。

相対論批判の立場をとる人でも、「相対論は間違いだ。したがって絶対空間は存在する」と言ってしまう。相対論批判のほとんどの例がそうだった。真空中に基準となるような指標が存在し得るかどうかという、相対論成立前からの課題に対する答えなのだが、正しく答えられるという考え方が、むしろ相対論的な全能感からきているのではないだろうか。でもそれは宇宙全体を展望できる知識と一体のもので、人類が達することの可能な領域とは思われない。知識は常に暫定的だ。この条件下では、ニュートン力学とガリレオの相対性理論の組み合わせが、有効に機能する唯一のシステムだと思われる。空間の絶対性に結論を出す必要がないからである。

現時点での科学技術で、例えば射手座方向への光と、てんびん座方向への光に有意義な速度差が認められないとしても、だから絶対空間が存在するとの断定は性急にすぎる。そして将来速度差が検証されたならば、その時に理由ともども考えてみればよい。

つまり、こういうことだ。絶対時間とか、各自が相対時間を持つなどという主張は、たかが人間の発明品であるに過ぎない時計が、宇宙の根本原理としての時間を表現していなければならないというまことに中二病的な発想をもとにしている。そんなに肩肘張ることはない。できるだけ広い範囲をカバーした時間軸を採用しようではないか、それには今のところニュートンの考え方が最適である、それだけのことに過ぎない。

地表にじっと静止した石が、果たして絶対的空間の内部でも静止しているのか、運動状態なのか、当面は見分けることができない。なぜなら、地球、太陽系、オリオン腕（銀河系のいくつかの腕のうち、太陽系が所属するのはこれだ）、局所銀河群の動き、という連鎖の、どこに区切りを付けるべきかわからないのだから。

通俗科学、および科学史の中で繰り返された単純な誤解について、ここで考えておくべきだろう。通念とは裏腹に、ニュートン力学に絶対的な空間は存在しない。列車の中にいる私と、目の前にある荷物との関係を調べるのは列車という部分的な空間の中であり、地上にいる人がこれを見るときは地表という別の静止系の上に置かれる。もっとも、この静止系というのは適切な表現ではないのかもしれない。より大きな座標の上にすでに乗っているという含意が生じる。地表に座標の基準を置く、と言うべきなのだろうが、後続の文で視点を広げる描写をするので、イメージとしてこう書いた。

さて、地球の動きは太陽を中心とする座標の中の出来事であり、さらにそれは銀河系の空間の内部で位置を与えられる。いかなる意味でも「絶対的空間」との関係で問題を論じられることはないのだ。相対論に反対する人たちでも、この点には異を唱えたくなるかもしれない。しかしできるだけ包括的な空間を考えることと、それを絶対的な空間とみなすことは、やはり全く別のことである。

私たちはこの相対的空間の切り取り方を無限の可能性のレベルの中で選べるのだから、そこで選ばれたレベルが絶対的空間と結ぶ関係は、根本的に無意味と言える。これは私の内的時間を他者からの視点で論じることが無意味であるということと同じ種類の議論であり、私たちはぼんやりしているとすべてを客観的視点で構成できるかのような理論の持って行き方に、何か深い裏付けがあるように誤解しがちだ。しかしそれは、そこにある相対性を無視しておきながら、意味のない絶対性をおいてしまっている状態であるといえる。これはすべてが相対的であると宣言しながら、結果的に絶対的な何かが背後に想定されている、ということだ。絶対的な何かとは日常的思考における私の立場を、そうとは察せずに、究極の根拠としてとらえることである。

例として、おそらく語りつくされたであろうありふれた状況から述べる。行き先が正反対の列車がホームを間に挟まず直に隣り合って止まっており、どちらかが動き出したとする。窓際に座ってぼんやり隣の車両を眺める人に、もし加速度についての体感がなければ、動いたのは自分の乗っている列車か相手方かはわからないだろう。これはAを基準にしてBを動いているとみても、Bを基準にとってAを運動系とみなしてもよいということのわかりやすい例とされる。ガリレオの原著（『天文対話』）では航海中の船の上の出来事が語られた。多くの人はこの例で納得するし、私も妥当な説明だと思う。では、「したがって、すべての運動は相対的である」と続けて言われると、どうだろうか。これは話者の術中に落ちているし、このような話になることからすると、残念ながら話者自身も理解できていない。重力とエレベータ移動の同一視もこの延長線上にあるわけだ。

列車どうしのみで考えると、動きは相対的である。しかし地面の上において考えると、明らかにこの相対性は成り立たない。この場合、地面に基準を置くというのは、単にA、Bに対して別の視点を導入するということではなく、両者を包括する一段階広い視点を入れるということだ。この視点に立つことによって、列車個々の視点は相対化される。すなわち、相対性とは「AからBを見ても、その逆でも同様に説得力のある説明ができる」ということではなく、「常に、より包括的な視点が可能である」ということでなければならない。たとえば地動説とは、「地球の周囲を太陽が回る」から「太陽の周囲を地球が回る」への変化ではない。「どちらも両者を足し合わせた重心の周りを回る」への変化だ。

同時に、地面に視点を置いた場合、すなわち地面そのものは動かないと仮定した場合、動いた列車はどちらであるかが、明瞭に識別できるのでなければならないだろう。ここでAから見てもBから見ても同じ理屈が成立する、ということは許されない。別の例を引くなら、エレベータを引っ張り上げる運動と重力が同じであると言うことは不可能だ。それが可能なのは、エレベータに閉じ込められた人の視点ですべてを記述する場合のみであり、この場合には引っ張り上げるということが外から加わる力になっているので、最初から間違っている。

列車の例で、地面に置いた視点は、さらに大きな太陽系という座標を導入することで相対化される。この時注意すべきは、動いた列車がAであるかBであるかという問題が無効になるわけではなく、地面基準でどちらが動いたかは絶対的な事実として残る、ということである。加えてもうひとつ、「地面視点での記述が理解できたなら、必ずそちらに従うべきであり、電車に乗った人の視点は不合理だから排除される」というわけではないことだ。「さらに大きな視点」で相対化できるということと、局所的な出来事に注目して、すなわち乗客の気持ちになって相対化できるということは、全く別の問題だからである。局所的な視点のまま地面に固定した視点が相対化できる、ということが、相対論の主張なのであり、これは完全に間違っている。よくコペルニクス的転回という言葉が使われるが、見たままを正しいとする相対論の自己中心的な考え方は、むしろこれこそが天動説の側であることを示しているのだ。

いかなる視点もさらに広い系から眺め得る可能性を残すがゆえに、暫定的である。宇宙全体を扱う場合でも、これは絶対的と考えるべきではなく、相対化される余地を残す。つまりニュートン力学で絶対的空間と言うとき、たとえば地面に置いた視点を用いたら、その内部では相対性を許さないということであって、外部に対してではない。外部に対してはもちろん相対化され、しかしそれはさらに内部の乗客の視点が相対化されるということではなく、それを描く丸ごとが相対化される。太陽系に視点を置いた時、太陽は固定されるのではなく、地球そのほかとの重心のバランスによって、わずかだが位置を変えるのだ。これは採用される時間についても同じであり、Aの乗客とBの乗客が、不便を承知で全く食い違う時計を使って、それぞれの時間を定義してもよいのである。相手の時間の進み方がおかしい、と言うことも正当であり得る。しかし地面の視点を採用するとき、相対的な時間定義は廃棄され、1つの仮想的な「絶対時間」、実は暫定的な時間軸を採用するのでなければならない。

もしもあくまで乗客の視点にとどまるつもりならば、自分が静止していると感じるAから見てBを記述する場合の空間論と、逆の場合の空間論が等価であると認めてもよいのだろうか。しかしあからさまな非対称性がここに存在する。AかBのどちらかにとって、自分が静止していると言うためには、相手が地面ごと動いていることを認めることになる。これが相互的にならないのは、一方は動いているものの外延が確定できないからだ。つまり通常の意味で、Aが停車しておりBが動いたとするとき、A

の乗客が「Bが動いた」と言うことは正確な内容であり得る。この正確は「動いた」ではなく「B」にかかる。しかしBの立場に立った時、Aとともに動くのが地面であるのか地球であるのか銀河系であるのか、明確にすることはできない。宇宙全体、と言うにしても、それを1つの量としてあらわすことはできないはずだ。したがって、単純に科学として無意味なのである。つまり力学として正しい結論を出すつもりなら、「車輪が回転したことによって、Bが動くのはもちろんだがその反作用によって地球も反対の方向に何ほどかは動いた」と言うべきなのだが、その値があまりに小さいからではなく、地球、太陽系……という全体量が明らかになることがあり得ないから、計算が成立しないのだ。それが、絶対空間が存在しないということの意味であり、存在するのであれば問答無用にどちらが動いたかが決定できるはずである。

以上を要約すれば、自己中心的な、すなわち主観的な見方と客観的な見方との1対1の対立があるのではなく、客観的というものには様々な切り取り方のレベルがあり、したがって絶対的な見方、つまり絶対時間、絶対空間を支持する要素は存在しないと言える。また、切り取って明確に範囲を指定しない限り、科学的な記述はできないだろう。この場合には幾何学だが、それが集合論(たとえば棘皮《きょくひ》動物に属する、など)であっても妥当な言い分である。その内部で成立することは、すべて暫定的な「絶対性」で、その外側に言及するときすべては相対化される。しいて絶対性を主張するなら、自分自身の計測する時間、長さが唯一の基準であり、いろいろな客観性のレベルを切り取るときでも、これが反映されるようにすることが、絶対的な時空間の意味だ。

ひとつ、特に述べておくべきことがある。空間について何か言うとき、私たちは架空の大きな方眼紙を広げ、そこに固定した視点で語ることになる。この広げ方やどこに固定するかということについて、特に自覚する必要はない。話が通じさえすればよいのだ。しかし自覚しないとしても、それが存在しないかのように誤解してはならない。たとえば地動説は、最前私はひとくさりの理屈を述べたが、太陽を固定した視点で語ってもかまわないのだ。太陽も微妙に動くとあえて言うときは、仮想の方眼紙はもっと外側の遠くの星、おそらくあまり動かないものとそれらを予想して、それを基準にとる形で広げられるのだろう。だがそれが絶対空間であるとは言えないし、ましてや視点をどこにも据えないなどという勘違いがあってはならない。私たちは、自覚しないだけなのだから。

そしてここまで述べてくると、ある重大な符合に気づく。エレベータの思考実験において、アインシュタインは光も重力によって曲がると結論した。無重力空間を上方向に向かうエレベータ内において、床と水平に放たれた光線は、内部の人間にとって、床方向に曲がるように見えるからだ。この時、エレベータ外の視点で光が直進するという知識が書き手にも読者にも前提されている。これはまさに、隣り合った列車どうしで、どちらが動いたかという問題と類似のかたちではないだろうか。優先すべきは地面に置いた視点であって、列車内のそれはその部分にすぎなかった。同様にエレベータの思考実験においても、外空間の視点で語ればすべてが矛盾なくまとまるのだ。すなわち光は直進するのであり、この例によって光と重力の関係は何一つ証明されない。

ここで語られるのは、相対論につきもののタイムパラドックスをどう解くかということになるが、時間の途方もない普遍性について、まずはいくつかの小理屈を述べる。その意図は、時間とはかくも不思議な存在であるがゆえに、いかにでもごまかしの理屈に説得力があるような細工が可能になるということを言いたいがためである。

最近の哲学的時間論のほとんどは、時間は存在しないという結論に至ってしまう。その軽薄さには唖然とするほかない。だがそれはわからないということの言い換えに過ぎず、時間は存在する。このことを前提としなければならない。解明しにくいことを、存在しないと気取って言ってみても始まらない。

時間とは、少なくとも第一義的には、世界が全体として持つ性質である。そう理解することが最も矛盾が少ないだろう。つまりそれは重力であるとか、慣性の法則などと同等の「物理的性質」だ。重力が存在しないという哲学者はいない。では時間についてもその通りであろう。

混乱が生じるのは、時間を相手にするとき、私たちはどうしても意識の側に存在する時間に似た作用、たとえば記憶という働きを時間の概念に含めてしまうからだろうか。5歳の私は九州のとある10万人都市のわかば幼稚園の縁の下で泥団子を作っていた。この事実は私がどう変化しても過去の一事実として残る。これは私が記憶を失わない限り、私の意識の内部では正しいのだが、ではこれを世界に敷衍して正しいか。1つの事実として固定したことで、それは一種物質じみたものに変換され、時間の要素は抜け落ちる。天正10年6月2日に本能寺の変が起きたと言った時点で、人はそれに永遠という未知の性質を与えたことになる。

さらに、プラトニズムへの誤解が加わる。例えば3という数字は現実記号としての表現部分と、観念としての「3」の両面を併せ持っており、観念の部分は時間を超越した3そのものを志向する、という具合に言われる。しかし観念の3はその都度無時間であるといういわば仮の性質を付与されるのであり、私の頭に浮かんでいるとか、本のページ上にあるとかなどの事態は無時間的ではない。

時間が存在しないとは、世界の動きを説明する手段として時間が今果たしている役割を別の概念に置き換えられ得ることでなければならない。重力という概念が果たしている役割をすべて重力波が担うことが可能であれば、重力はないと言えるかもしれない。私は、重力波とは重力の1つの表れにすぎず、これをもって全概念を尽くすことができないことは、例えば座標上のマイナス方向への回転移動が虚数のすべてを言い表せていないことに似ていると思うが、その正否はともかく、時間についてそのような妥当な概念が提出されたことはない。つまりいつでも時間の「矛盾」が指摘されたのみだった。矛盾とはその時間概念を作り出した論者の意見が間違っているということであり、実際の時間が矛盾含みであることを意味しない。

空間が無限に続くか、有限であるかは、経験論的に確定できない、つまり私たちにはわからない。しかし、それが限りなく受動的であることはわかっている。物質やエネルギーは空間に展開され、それらがなくなると、まただの空間に戻る。空間にポジティブな性質を与えようとする試み、例えばダークマターをここに見出そうとすることなどは、まだ成功していない。すると、こういえるのではないか。空間に限界をもたらすものは物質である。したがって、空間が有限であるとすることは、空間の外側にびっしり物質が詰まっているとすることである。これはいかにも正しくなさそうではあるが。

空間が有限であるか無限であるかは別にして、一般性において時間に1段劣ることがここから読み取れないだろうか。時間については、このような議論が展開できない。即ち物質は時間を止めることができない。従来この一般性が逆に考えられていたのは、純粋に空間を思惟すること、すなわち時間をないものとした幾何学的な思考は可能であるのに、空間をないものとした時間を思惟することは困難だからである。時間を考えるには最小限でも時計などの空間的な仕組み、あるいは数字などの記号が必要だ。これは、時間の空間への従属を示すのではなく、時間を純粋に取り出すことができないということなのであって、それが世界のすべてにまとわりつく、最も一般的なものだからである。

　かくも一般的な存在を世界の側に帰すことにはためらいがある。信じにくい、というところだろうか。そこで認識の形式である、と論じたくなる。人間が外界を受容するシステムに時間が組み込まれているのであれば、問答無用にそれが普遍的な形式になる。これがカントの結論だった。だが彼の理論は、現代では妙な解釈を呼び込むことが可能であり、まず退けなければならない。すなわち世界はどこかに蓄えられた情報であり、それを人が4次元時空の形式で展開する、という考え方。

　何よりも、時間を人間の側に持ってきたということが、カント、ヘーゲル、そしてハイデガーに至るドイツ観念論の過ちだろう。時の流れという錯覚は、人が客観的視点を持ちうるという錯覚に対応する。時間というような、最も一般的な性質を外から眺めうるという誤認である。時間の長短は対象の時間を発見したことによって、それを超越したということだが、それは世界全体が持つ時間への超越にほかならない。

　時間は、存在論的な全体主義的視点を要求する。全体主義とは、部分の集合は全体にはならない、ということだ。全体は部分の集合以上のものであると言っても、やはりちょっと違っていて、全体は全体としてしか存在できない、といったあたりになるだろうか。例えば進化論は現在、理論としては行き詰まっている。それは遺伝子であろうが、ホメオスタシス論を取ろうが、個体の変化が積みあがって種に及ぶという理屈では確率論として成立しないからで、極端な比喩を用いるなら個体は存在せず種のみが存在する、という考えを取らない限り解決の糸口すら見えない。ただこれまでの科学にはそのような語法がないようだ。

私たちは便宜上さまざまな時間の流れを使い分ける。しかし世界は1つの根源的な時間を持つ。私たちにとってそれが伸びたり縮んだりするものであっても、世界はそれを統合するから「世界」なのである。したがって、そのように不安定なものではないはずなのだ。もちろん、逆向きに流れるなどということもあり得ない。そういう風変わりな時間とは、時間についての認識論的事実であって、存在論的事実ではないからである。

1　因果関係の逆転は時間の逆流ではない

たとえば地味な暮らしを送る人が、いつの間にか貯金が増えていたので、「そうだ、たまには海外へ行ってみようか」と考えたとしよう。これを普通の流れとして、別の人は海外旅行のために仕事を頑張り、節約して目標の貯金額に到達した。この2人の行為には、明らかに因果関係の逆転がある。時系列で並べるなら、働く、貯蓄をする、海外旅行に行くだけの費用ができる、という具合で、同じようになってしまうが、それならば借金をしてまず行ってしまう、という選択もある。

この例はあまり科学と関係なさすぎるので、納得ゆきかねる人も多いとは思うが、因果関係とはこうであればこうなる、という論理関係のことだ。したがってそこには合理的な判断が介在するのであり、時間が決めることではない。科学的な理論として認めてもらうためには、恣意的な判断を排除する、という了解があるのみである。いくつかの間違いをそぎ落として、もはや時系列順に展開する自然現象としか見えなくなった時、問答無用の因果関係と認められ、原因（理由）と結果の間を、理論の介在しない「時間」のみがつないでいるような気がする。

18世紀の哲学者、デヴィッド・ヒュームが、代表作の「人性論」（The Treatise of Human Nature）でこのようなことを徹底して考察した。自然科学ベースで考えると、疑うべき限度を超えてありえない想定をさし挟むなど、おそらく彼は強く論じすぎていると思われるが、いまだに論理的関係がすべての時間によるつながりを取り込めるという幻想がある限り、1度は立ち返ってみるべき立場だろう。

なぜここで、およそ科学の根本とは無関係に思えるヒュームを出したのかというと、相対論のあまりにご都合主義の設定が、どう考えてもここに引っかかるからである。さっき書いた通り、因果関係の逆転とは、実はそこまで希な現象とは言えない。だが自然科学に親しむと、時間の方向と因果関係がイコールに思えてしまう。そのことが相対論の妙な安心感と説得力につながっている。

例えば親殺しのパラドックスと呼ばれるパズルがある。過去にさかのぼれるタイムマシンがあったら、自分の両親を殺害できる。しかしそうすると自分がそもそも生まれないのだから両親は生き延びる。よって自分はこの世に出られる。これは論理的矛盾だから、過去には行けないだろう。

ここまではまず誰も認めるとして、しかし未来へのタイムリープならあり得るという話もあるようだ。このパラドックスは明らかに因果関係というものへの侵犯と感じられるので、過去への跳躍を誰も認めないし、相対論もきっかり、この点に理論の境界を置く。つまり、時間の伸び縮みはあるが、過去へのさかのぼりは禁忌となる。この禁忌の存在によって、時間の伸び縮みということを安心して語れるようになる。

しかし理不尽さにおいて、時間の伸び縮みは過去へのさかのぼりとそれほど変わりないと私には思える。これは一見奇矯な意見だろう。しかし過去へのタイムリープと同様に、未来へのそれも因果関係への侵犯となり得ることは、誰も十分に検討してこなかったではないか。すでに相対論はブラックホールやビッグバンという禁忌を犯しているのだ。時間が止まるということは因果関係がキャンセルされるということである。その前後で何事もなく因果関係が再現されるというのであるなら、それが時間に全的に内包されるということである。しかしそれは理論を逸脱しすぎているだろう。なぜならそれは宇宙の全存在の性質であり、時間はそれほど豊かではありえないのではないか。

時間の流れが遅くなるなら、どこかで止まり、そして逆流するということはそれほど不自然とは思われない。そして私が言いたいのは、何より、親殺しを行ってみなければ、実際のところどうなのかは判らないではないか。もしかしたらその場で私が消えるかもしれないし、シュレディンガーの猫みたいに生死半分ずつの存在になるかもしれない。あるいは生きたり死んだりの無限連鎖に入るかもしれない。もしくは現在の常識では考えられない、とても風変わりな世界の到来、ということになるのかも。

そして、非常に奇妙なことに、相対論を支持する学者の幾人かは、親殺しのパラドックスなどは認めないが、熱力学の第2法則の逆転さえあれば時間は逆流するという説を述べている。まるで無秩序状態が広がることが時間の流れの原因であるような勘違いだが、そもそも無秩序が「増大する」といえるのは、時間に沿って理解するからで、熱力学の第2法則が逆転したなら、私たちは逆転したと認識するだけではないだろうか。

繰り返すが、因果関係とは自然現象ではなく論理の世界である。どんなに強固に見えようと、しょせん頭の中の出来事だ（ヒュームさんによれば、だが）。自然科学は人類が文明を持ち始めて以来、熄《や》むことなく普遍的な法則を求め続けてきたので、この分野に属するほとんどの因果関係は自然現象という域に達した。しかし明らかに別の概念なのだ。

物体の速度を上げることが時間の間延びを伴うものだとして、なにゆえ光速度に因果関係が逆転する特異点が置かれるのか。それは相対論を勉強すればすべて理解できる、と学者たちは言うだろうが、ひとつ見逃せない事実がある。少なくとも光は光速度で動くということだ。単純に考えるとこれは光が無時間であることを示す。しかし光の内的時間が止まっている、と言うことはできない。なぜならそれはどこかで生まれ、空間内を移動し、いつか消滅するから。現実の世界内に存在して、周囲と関係を持ちながら、時間が止まった状態であることはできないだろう。

それでも内的時間が止まった状態はあり得るという感覚にこだわる人はあると思う。光を、または光子を抽象的存在のように扱い、無時間的に扱ってもよいとする考え方もあり得るからだ。例えば宇宙のすべての水素原子は全く同一の構造をしており、プロパティ上のアイデンティティー（すなわち同じ性質を持つ）、ではなく、トークン的にも同一視できる（すなわちすべての水素原子はたった1つの、同一の存在である、なぜなら奥にある数学的実在の、個別の反映であるから）、という意見をたびたび科学書の中に見た記憶がある。ではなぜ陽子や中性子の崩壊などということが問題視されるのだろうか。トークンアイデンティティー上でも同一であるなら、すべての同一粒子が一時に崩壊しなければおかしいのだ。光を時間から解放する手段などはない。したがって光速度で移動する物体の時間を停止させる理論も本当ならば存在しえないのだ。

この点はすぐに否定せずに、1つの選択肢として残しておく。もうひとつ、光自体はそれ自身の固有時間を持つが、光速度に達した「質量を持つもの」、または電磁波以外のものは時間の止まった状態になる、という考え方もある。ただしこの見方だと、光であることと光速度であることが全く別の性質であり、光が光速度で動くことは偶然の産物であってもよいという見方もあるということになってしまう。実際のところ、光はかなりの部分で理論上の光速度に達しない速さで動いている。その場合に光の時間は進み方が早くなるのか。そして、光が光速度でも時間を有し、同じ速度の質量をもつものが無時間的であるとするなら、時間を左右する要素は質量のみということになりはしまいか。

そしてもうひとつ、これが私には最も合理的と思える選択肢だが、時間の進みの遅れとは、光の進行に視点を合わせ、これと同期することで全く止まっているように見える、という考え方もありえる。つまり光に対し併進運動している物体は光との時間差が0であり、遅くなるにしたがって時間の差が生じ、その差が結果として時間の進みとなる、というものだ。相対論の考え方を注意深く点検してみるに、図らずもこの奇妙なとらえ方に陥ってしまっているということは、私には案外正確な描写であると思われる。

いずれにしても、何者にとっても光速度は変化なしということが相対論の大前提であり、止まっている物体からも、ほぼ光速度で動く物体からも光は光速度で飛び去る。したがって、時間の流れは徐々に遅くなるということはなくて、光速度である場合にのみ突如として時間が停止した状態になるということに、本来であればなるはずだ。

もちろん解説書の言い分は「徐々に遅くなる」なのだが。

相対論の時間論は光と他の物質の動きを対比したときの簡単な演算、せいぜいそれを図面に起こしてあれこれ考える行為がもたらしたものである。光の、質量を持たないという性質は、他の物質が光速度に達しないという条件を作るために使われ、それが間接的に因果関係の逆転を禁止事項にする。しかしこの性質だけで時間を持つことの有無が左右されるわけではない。要するに、光のみが「光速度で動くものは無時間的である」という理屈を免れる理由は今のところ見つからないし（着目すらされていない、というのが事実だ）、これからも出てこないだろう。あえて言うなら、これを規範として論じることはできる。つまり光の性質とはそういうものだ、と宣言することだ。$E=mc^2$の場合に、光がエネルギーを持つことは明白なのに、質量は0であると言ってみたり、あるいは重力で曲がるから質量はあると定義されたり、それなら今度は無限大の質量を持つはずであっても、さらになお光は例外なのだと言い張っていたことと同断である。どちらの場合も明白な反証なので、科学として成立しないとは思うが、とりあえずそういう意見もあり得るということにして先に進もう。

もう一度繰り返すなら、光は世界のいろいろなものとの関係を実際に結んでいるのだから、無時間的であるとすることは全くのナンセンスであると私は思う。ところが、相対論のいかなる解釈も、光を無時間的とすることによってのみ救いの手立てが与えられる構造になっているのだ。

代表的なタイムパラドックスは「双子のパラドックス」ということになるだろう。超高速度で動く宇宙船は時間の進みが遅くなる。したがって宇宙をぐるりと回って帰還した人は、地球に残してきた家族や知人たちが自分よりずっと年を取ってしまった光景を見ることになる。これを例のおとぎ話になぞらえ、「ウラシマ効果」と言う。この話だけならば、ふしぎと感じるべきところはない。しかし、これを一ひねりして「宇宙船に乗った側から見ると、逆に地球が超高速度で動いていることになるはずだから、どちらかが一方的に多く年を取るという想定はおかしいだろう」という形になると、解きがたい謎となる。これを「双子のパラドックス」と呼ぶ。

ある理論から導かれるパラドックスを解くということは、普通なら理論を肯定することになる。したがって相対論の支持者は解かざるを得ないはずで、実際にいくつもの回答が存在する。反対者は「パラドックスが存在するということは理論が間違っている」という主張になるはずなので、そこまで熱心ではないかもしれない。しかしこの問題について言うなら、もう少し正確に理解することで、相対論の外部に引きずり出す必要があるだろう。明快な解決はその先にあると思われる。

ウラシマ効果と双子のパラドックスという2つの不条理問題を構成する理屈は簡単にまとめると以下のようになる。

1：速度を上げるに従ってそのものの内的時間は進み方が遅くなる。
2：光速度で動く質量を持ったものは内的時間が停止する。
3：そして光速度を越えると時間が逆行する。

このうち項目1は文句なく正しいとされる。2と3は「仮に」そんなことがあったら、という話なのだが、2の方はブラックホールの特異点でいつの間にか禁忌が解けてしまった。すなわちブラックホールの中心部では時間が止まった状態になっている、とされる。3についても、最近いろいろな入門的解説書や少し高度な科学書において、次第に解禁の方向へ向かっているようだ（なぜなら量子もつれという現象を説明する必要があると思われたから）。親殺しのパラドックスはどこへ消えたのかと聞くことは野暮なのだろうか。

これらの仮定が現実にはないとされるのは、質量を持ったものは光速度まで加速できないからである。しかし速度を上げるに従って質量も増えるという性質は、項目1の現象に全く関わってこない。また、2と3が現実にはありえないなら、それは1を可能にする原理から導かれるのでなければ話としてつじつまが合わないだろう。つまり「光速度で動くものは内的時間が停止する」と「光速度で動く『質量を持ったもの』は内的時間が停止する」という2つの文章について、いずれが正しいのかを示す理屈が必要であるように思え、かつ私には前者は正しくないと思える。相対論の時間概念を正しいとするためには、同じく光速度で動きながらなぜ質量のあるものだけが無時間的であるのかを理論で示すか、光速度で動くもの（むろん光そのものも含め）は無時間的であると言い張るか、いずれかでなければならない。そしてどちらもおそらく納得の行く回答はありえないだろう。項目2はいずれにせよ不条理なのだ。

ところで、理論的に解きほぐすということが相対論の枠内での解釈を示すという意味であるなら、それはとても無理だろう。代わりに、ここに書いた不条理を回避し、なおかつタイムパラドックスに明快な見通しを示す考え方が1つだけあると私は思う。光の、あるいは光と同じ速さで動くものの時間の進み方は、一見すると0のように見えるが実は違う、とすることだ。つまり相対論の主張は、単にそこを基準にするということ、つまり0ではなく単位量である1と見なすことが妥当であり、一線を越えた向こう側は0以下のマイナスではなく、光よりは遅い時間の進み方すなわち0コンマいくつ、だとすることである。仮に光速度以上に達することのできるものがこの世に存在しないとしても、ここでは問題にならないだろう。光より遅い時間の進み方をするものがない、と言えばよいだけなのだ。光それ自体は、固有の時間を持つ。したがって、光速度で移動する物体は、光と共通の時間を持つはずであり、いかなる意味でも無時間ではありえない。

そこまでが第1段階で、さらに歩を進め、これはただ見かけ上のことであり、科学として時間の伸び縮みを正当化することはできない、とすることが、正しい解決になると思える。相対論において、すべてのパラメータは「光と比べて」という意味を持たされている。ではすべてのものに対して光は同等であり、したがって時間も同等なのだ。私の固有時間は私と光の関係で決まる。誰にとっても光との関係が等しいのであれば、光を介在してすべてのものは同じ時間軸を共有していることになるのではないか。

以下に、これらの点を踏まえたうえでパラドックスの解釈を示す。私が提示したいのは、直接の反論であるよりも、なぜ相対論を多くの人が正しいと感ずるか、ということになると思う。これは大変消極的な意見のようだが、人間の時空間把握の本性を示せたらよいと願う。

2　時間の基本単位を見直す

まず、光の時間進行は、基準であるべきという意見を仮に認めるとしても、それは1であり、0にはならないということを確認する。これが深い意味を持つのは、光速度で動くものの時間は止まった状態であると、なぜか軽く言われているが、そうではなく、ある一定の時間進行を必ず伴うと考えることが正しいのではないか、という問題提起である。

10光年離れた場所に、反射板を設置し、これにある種の信号を当てることにしよう。

信号は必ずしも電磁波ではなく、それぞれの固有な速度を持つとする。この反射板は理想的な材質で、ニュートリノさえ反射させる。ニュートリノについてはいろいろなことが言われており、まだ確定的ではないようだが、とりあえず微細な質量を持ち、ほぼ光に近い移動速度を持つとする。また、そういう物質もあるという前提にしておく。

以下の、4つの項目の正否を考える。

1　もし光を送ったとき、距離は片道10光年なのだから、往復20年掛けて戻ってくる。

2　次に、光よりも速い信号を送る。これは確かに20年後よりはもっと前に戻るが、放出する現在よりは後になるだろう。決して放出時点をさらにさかのぼった昔に戻ってくることはない。

3　信号が無限大の速度を持ち得るなら、放出と同時に信号を受け取ることができる。

4　光よりも遅い信号の場合、もちろん20年後をさらに超える未来に地球に戻る。

私はこの4つの項目に、理論的に無理なところがあるとは到底信じられないが、相対論では違う見解を打ち出すことになるだろう。1つずつ検討する。

まず項目4はどちらの立場でも異論はないはずなので、考察から除外しよう。実は、同じ結果に至るとしても、経過は違う。しかしその違いはほかの項目の内部で論じた方がわかりやすいと思われる。

項目1は「もし光を送ったとき、距離は片道10光年なのだから、往復20年掛けて戻ってくる」という当り前の意見だが、このとき、相対論の解釈に従えば、光は年をとらない（光に近い速度で動く宇宙船で20年の旅行を楽しんだ人はほとんど若いままで帰還する）のだから、本来ならば光の放出を見送った私と受け取った私は同時刻に存在しなければならない。これはいかにも背理である。放出を見送った私と受け取った私が同時刻に存在するとは、衒学《げんがく》趣味で言うならトークンアイデンティティー上別のものであってはならないということだろう。

しかし無時間的であるということは2様に解釈されてしまう。信号放出時の私とそれが戻ってきたときの私は同時空間に存在できない。これが可能であること、端的に言うなら射出と同時に反射して戻ってくる信号を受け取ることが、光の無時間的であること、比喩的に言えば年をとらないことの意味であるべきとは思うが、相対論の支持者はこの解釈を受け入れないだろう。それは理論的な根拠によるのではなく、これを満たすことがあきらかに不可能だからだ。そもそもが、現実のこととして光は一定の時間をかけて目的地に到達しているのだから、この意味での無時間性は最初から成り立たない。この場合には無時間的であるということを信号にとって世界が変化しないこと、と理解しているわけで（なぜなら1兆年の間全く変化しない物質があったとして、私たちはそれでもこの物質は1兆年の時を閲《けみ》したと言うだろう）、相対論は逆に、私にとって信号が変化しないことと取ることを求めるわけだ。すなわちあるものがどこかへ移動し、それがもとの場所と同時的空間であり得るなら、このあるものにとって、時間は経過してなかったと言えよう。光がそれなりの時間をかけて往復して元のままであるということは、観念的に同時的空間であることと同じ意味を持たされている。これはもちろん先に言った通り、発生し移動することは明らかに光にとっての変化であり、時間を持つことと同義なのだから、私は正しいとは思わないが、そういう意見もありうるのかもしれない。これは譲歩なのではなく、時間は相互的なものであるとか、変化するということの意味についての議論は過度に抽象的であるので、いずれにしても納得してもらえないという諦念に近いものだ。

例えばあなたが江戸時代にタイムリープする。人は、どこかへ旅行する感覚でこれをとらえる（すなわち時間を空間として理解する）ので、あり得ることのように思える。しかしあなたの経験が連続的であるなら、つまりあなたがあなたのままでタイムリープするなら、あなた以外の全宇宙が200年若返ることがこのタイムリープの意味なのかもしれない。それはとてもあり得ないことのように思えないだろうか。私が言いたいのは、だからこの考え方は不合理だ、ではなく、どちらが正解なのか決められないから、この考え方には無理がある、ということなのだ。

もう少し具体的に考える。初めから光速度を考えることはおそらく拒否感を抱かれやすいと思うので、限りなく光速度に近いものを想像してみることにしよう。光と、超高速有人宇宙船を同時に発射し、全く同じコースをたどらせる。先に書いた通り、現実の光は常に理論上の光速度で動いているわけではないので、この宇宙船は時によって光を抜く可能性もある程度の速度、ということにしよう。まさか相対論の支持者も、10光年向こうの鏡に反射した光が20年後に戻ってくることまでは否定しないだろう。宇宙船の方もほぼ同時刻に戻る。しかし同乗している者にとって、時間は恐ろしく進みが遅くなる。なぜなら、彼女／彼からみても、同時刻に地球を後にした光信号はやはり光速度で遠ざかるからだ。光が到達した時点を同時刻と定義するのだから、彼女はほぼ年をとらずに帰還する。距離のスケールがローレンツ収縮で変化するとしても、光は彼女／彼にとって結局20光年分（ニュートン力学の計算で。相対論によれば違う、と言われることはわかっている）先着するのでなければならない。

宇宙船の相対時間は遅くなり（つまりスローモーションで進む）、かつ宇宙船は縮む。この状態で客観的な20光年の距離を移動することは、恐ろしく時間がかかるということ以外の意味を持ちうるものだろうか。明らかにこの描写はナンセンスなので、「相対時間が遅くなる」ということの意味を、実際（つまりニュートン力学的な観点で客観的に見る）よりも速く移動するように見える、としたらどうだろう。つまり「遅く感じる」からには、時間のコンテンツを彼女／彼のほうがより多く消化できるとしたらどうか。しかしこれでは光よりも速くなる（この文意はすぐにわからなくても良い）。そこで、移動のルートすべてがローレンツ収縮で短くなると考えることにする。実際に、これが相対論学者の出した結論だった。ここでも、違うと言われることは承知している。ローレンツ収縮は、物体が進行方向に沿って縮むことである、と。理由は、テキストにそう書いてあるからだ。相対論の本文にそう書いてあり、マイケルソン・モーレーの実験もそう解釈するのが正しい、と。しかし「物体が移動する全経路が収縮するわけではない」と念を押して書いてあるわけではない。これは微妙な違いだが、恣意的な解釈を許してはならない部分になるかもしれない。つまり、物体だけが縮むと考える人は、一応そう宣言してはいるが、実際にはその考えを貫徹できていないのだ。宣言はするが実行はできていないということが、相対論に関する言論の、余りにも多くの局面で見られる。

こう想像していただきたい。1キロの長さの宇宙船があるとすると、これをおよそ30万隻並べた長さを光は1秒で移動する。光の速さがこの宇宙船の速度に依存せず一定であるとは、仮にこの宇宙船がローレンツ収縮したとしても、常に1秒当たり30万隻分の長さを光が動くということである。もしこの宇宙船がかなり光速度に近い場合、1キロの全長はニュートン的な視点で1ミリになってしまうかもしれない。すると光速度はこの視点では秒速30万ミリメートル、時速だと1000キロあまりということになる。充分巨大な数字だが、地球を7周半も動く光には遠く及ばない。

この矛盾を、もちろん相対論では時間を弄《いじ》ることで調整する。しかしいかなる調整のもとでも、20光年という距離に対し、縦につないだ宇宙船を置いてこれを測ってみたとき、数が増えてしまうという事実には変わりがないだろう。極端な話をするなら、光速度の宇宙船は長さが0になるのだから、地球からどこかの星に行く経路に、無限の数の宇宙船を並べることができる。つまりそこに到達するのに無限大の時間がかかる。たとえ光速度に達しない場合でも、もし限られた時間内でこの移動を果たそうとするなら、宇宙船は光速度以上でなければならない、つまり光がまたぎ超えると想定される宇宙船の数以上をまたぎ超える必要があるということだ。時間の進みが遅くなり、ついにはとまる、ということの意味がこのようなものであることはナンセンスだろう。光そのものも宇宙船何個分の距離を走る、という測り方をした場合、経路に並ぶ宇宙船の数が増えたら、それだけ時間がかかるのでなければならない。だからと言って、時間が遅く進むと感じられることを利用して、単位時間当たりに、より多くの宇宙船の分だけ移動できることを、光との関係のみを考えて正当化すると、今度は光速度の上限を見境なく上げることになる。つまり20光年という距離に、ニュートン的な視点以上に宇宙船が並ぶ状況であれば、どう理屈を付けても光速度が一定であることはできないはずだ。20年で戻れないか、単位時間当たり、ニュートン的な視点以上の数の宇宙船の分進むか、どちらかになる。

3　経路を縮ませるという奥の手

いかなる時間の伸び縮みも、宇宙船の短縮現象も、20年という時間を短くすることはできない。つまりどんなに高速度で動いても、中に流れる時間は20年であり、したがって乗務員は地球で待つ人間と同様に年を取る。残る手段は、経路そのものを縮ませるしかない、ということになるだろう。

ここまでの話の流れは多少観念的で入り組んでおり、いろいろ反論ができそうに思われる。しかしいかなる反論も相対論を否定する方向にしか行かない。だからこそ、この最後の手段ともいうべき結論を選ぶ学者もいたのだろう。これは、すれ違う列車や、すれ違う宇宙船は、お互いを短くなっていると認識するということの延長で、目的地までの道のりそのものをも「すれ違う物体」と同様に扱い、経路全体が縮むという考え方をとる。

しかしここから推測可能な像はとても奇怪なものである。時間の伸び縮みが奇怪なのではない。経路の収縮とは、数字だけを挙げて論じるなら、単なる演算なので全く不都合に感じないだろう。しかし現実の空間においたときこれをどう見るのか。準光速度で動く宇宙船のすでに通り過ぎた空間はいかなる「距離」として把握されるのか。また、これから向かう方向は、目的地までがすでにローレンツ収縮された形で見えているのか。それとも宇宙船の先端と空間が接する境界面の部分だけでローレンツ収縮の何らかの現象が見られるのか。仮に前者だとすると光速度で到達できない先まで何らかの影響が及ぶことを前提とする。もちろんこれは相対論の前提からすると重大な違反だ。そのうえ、もし予定もなく方向を変えたとき、この収縮そのものが意味のわからないものになる。

さらに理解しにくいのは、進行方向に垂直な方向の空間処理だ。宇宙船が縮む、ということは、この宇宙船の全長をすっぽり収める空間全体が横の方向全体を巻き込んだ形で圧縮されるということだろう。もし宇宙船の占有する空間のみが縮むのであれば、それはこの宇宙の中に全く定位することのできない空間となり、いわゆる多元論を採用することになる。いろいろ意見はあるだろうが、多元論をまじめに受け止める価値はない、と私は思う（その理由はいずれ述べなくてはならないと思うが）。もちろんここでも繰り返さなければならないが、これを是とする人がいることは予想のうちだ。そこまでして守らねばならぬ科学理論とは何なのだろうと、皮肉の1つも言いたくはなるけれど。

もし空間の歪みを論じるのであれば、したがって周囲を巻き込む形で歪むとしなければならない。横方向の空間の縮みをどう処理するのかという問題は残り続ける。なぜなら、もしこれを正当化するなら、宇宙全体が宇宙船の長さの変化分縮むという奇怪な像を受け入れることになるから。もちろん奇怪であることは小さな問題かもしれないが、光速度がいかなる場合でも直接作用の限界を示すという理念に、この結論は反する。そこで遠くのほうは元のままで、宇宙船に近づくにつれ歪みの度合いが増してゆくようなイメージを採用したくなるかもしれない。これはあたかも水上を行く船が水をかき乱す映像と重ね合わせで考えられているわけだが、私にはこれは説得力があるとは思えないのだ。もちろんこの像が正しいとする人はいるのだろう。1つ理屈があって、たとえばある直線運動を近くから見ると大きな動きだが、遠くからだと小さな動きとして眺められる。空間の歪みもそれに準ずるという考え方だ。安易すぎるイメージであるということとは別に、この場合の空間の歪みは時間の歪みを伴うものである。なぜなら、時間を調整するために空間が歪むという理屈に持ってきたのだから。ということは、航路の近傍にあるものには何かしらの時間のずれが生ずるものと思われる。だがそれはなにに対してか? 重力の場合なら、時間が歪むと言うとき、少なくとも「重力場」を問題にすることで重力の影響を受ける物体以外の部分まで正当化できた。しかし宇宙船の航路近傍において、宇宙船との時間の食い違いではなく、あたかも風を巻き上げるがごとくに周囲の時間を歪めるとはいかなることなのか。

さらにもう1つ問題がある。経路をローレンツ収縮させ、さらに宇宙船をローレンツ収縮させるのであれば、結局その割合は普通の20光年の距離を1キロの宇宙船で旅するというニュートン空間の出来事と同じことになってしまうだろう。つまり経路の収縮は宇宙船のそれより大きい比率でなければつじつまの合わぬことになってしまう。しかしこのような数値の議論を私は寡聞にして知らない。まともに考察されたことがない、ということが正解なのではないだろうか。時間が変化する、長さが変化する、などの言葉を、人はただなんとなく説明済みであるかのように受け入れていただけではないだろうか。時間が延び縮みする、だからつじつまはあっているはずだ、とあまりに安易に思い込んでいるだけなのではないだろうか。

もう一度確認しておくと、1光年がおよそ10兆キロであるとして、ここでの話では、通常の経路では２００兆隻の宇宙船が並ぶのであり、ローレンツ収縮が現実にあるとしても、この数に変化はないのだ。光速度に近い宇宙船の乗務者が20年と少しの旅を終えて帰ってきたとき20もの年齢を経ずにいられるとしたら、この経路に並ぶ宇宙船の数が減るシナリオが必要になる。手持ちのパラメータ（ローレンツ収縮の計算値、光速度、20光年）と概念（時間の進みが遅くなる、物体が縮む）の組み合わせでこれを作り出すことはできないと結論するしかないようだ。そして残念ながら、何人にも可能ではないと思われる。

経路が収縮し、しかし宇宙船はそのままである、という説は、さすがに検討する必要があるとは思えない。極端に長い宇宙船を用意して飛ばしたら、もしかしたら、目的地までの経路をはみ出すのではないか？　誰が考えてもそれはばからしい。そもそも、論の出発点は「ローレンツ収縮によって宇宙船（すなわち高速度で動く物体）は進行方向に沿って縮む」というものであったはずだ。ただ、あくまで搭乗員の観点だけで語るなら、宇宙船はそのままで、すれ違う進路全体が縮んで見えるということはあるのだ、と言い張ることも可能である。では、準光速で進む宇宙船に乗った彼女／彼は20年を経ずして、すなわち光よりも速く帰り着くことになるのだろう。だが地球を出発する際、光と同時に飛び立つなら、もちろん光はやはり光速度でまっしぐらに飛んでゆくことを見ることができるはずだ。反射鏡へ近づくどこかの時点で、折り返し地球へ向かう光とすれ違うことになる。なのに、往復して地球に降り立った時、自分を置き去りにしたはずの光線があとから戻ってくるのを目撃することになる。自分は、どこで光を抜き返したのか。そんな地点はたぶんない。光は確かに自分よりも前に行っていたのだし、抜きもしないのにあとから戻ってくる。搭乗者の視点を保持することは、どうしても多世界解釈以外の解決法を持つことはできないと思われる。

飽きが来るほどに繰り返さねばならないことだが、相対論の主張は、ローレンツ収縮とは縮むように見えるということではなく、実際に、物理的に縮むということである。それでも、実際にそうなのではなく、宇宙船にいる人には宇宙船はまともな長さなのだ、そして経路の方は宇宙船と高速ですれ違うのだから短くなる、という主張もあり得るのかもしれない。しかし宇宙船が「実際には」短くないと言ってしまうと、経路も実際には短くないと言われたとき反論できないように思う。それでも、この考え方に固執するのであれば、私には施す手立てがないかもしれない。すべての選択肢はつぶせたと思うが、それでも正しいというのなら、そうですねと言うしかないだろう。ただし、宇宙船と空間の境界面の処理がどうなるかということは、すべてのシナリオについて回る問題だとは思う。

とまれ、単純な反論ではない、ということは何度でも強調されなければならない。通常の時間概念を支持する側に、説明するべきことも、反論すべきことも何一つないからだ。以上の観念的な議論は惑わすためのものではない。理解すべきは、次の単純な記述である。「10光年離れた鏡に向けた光は、20年後に返ってくる。もしそれより少し遅い宇宙船を同じ航路に飛ばせば20年プラス何がしかの時間の後に戻る」。この明快すぎる事実に説明が必要だとは思わないし、おそらく言葉だけのことではないのだ。しかし「帰ってきた宇宙船の乗務者は予定された年齢よりは若いままである」ということは、単なる言葉だけのことであり、これにまつわるもろもろの現象は現実空間の中で、現実的なものとして考察されたことは一切ない、と言えるのではなかろうか。

ローレンツ変換の式で計算することは、誰にでもできる簡単な作業とまでは言わないが、考えることではない。そのことは、以上の例で十分に示されると思う。計算と考えることは違う。したがって、コンピュータのアルゴリズムも、考えることはできない。この微妙な部分が、なかなか理解されにくいところである。

4　ミンコフスキー座標にほとんどの事象は書き込めない

項目2について考える。すなわち「光が20年かかるところを、もしそれより速い信号があるなら、20年かからずに戻る」という主張だ。ここが、相対論との考え方の差が最も大きくなる部分だろう。そして相対論の、間違いというよりも杜撰《ずさん》さがはっきりわかる箇所である。光が20年かかるところを、もしそれより速い信号があるなら、20年かからずに戻るということは、文句なく理に適う考えではないだろうか。ただし、もちろん射出時点よりも後の到着時刻になるのだ。

相対論を厳密に受け止めるなら、時間をさかのぼることができるものは存在しない、ということになるので、以下の話はすべて無意味な前提で語っているということになるのかと思う。しかし私の考えは、時間をさかのぼることは時間が伸び縮みすることの一例にすぎず、ナンセンス度合いにおいて全く違いはない、というものだ。その上での話であるということで了解してもらえばよいと思う。

一時いろいろと話題になったタキオンという概念はもうあまり聞かなくなった。タキオンとは、光速度以上で移動するとされた仮想の粒子である。光速度を超えるということは、相対論の定義によって時間を逆行するということになる。このことを少し考えてみると、非常に都合の悪い事態があらわになる。それはタキオンの存在の妥当性の問題ではなく、時間をさかのぼるという意味が、相対論の中で十分に意味を限定できない、ということだ。

10光年先に設置された反射板に光を当てると20年後に戻ってくるという想定に疑問をさしはさむ余地はない。そしてそれより少し遅いだけの、準光速度の信号なら21年後だったり22年後だったりに戻ってくる。では、光より速い信号は19年後や10年後に戻ると考えて、何の問題もないはずだろう。そういう信号が実在するかという疑問は別問題として。

ところが相対論には、射出時よりも前の時点に戻る信号と、たとえば21年後に戻る信号はあり得ても、19年後や10年後はあり得ないのだ。つまり、20年以上かけて戻る信号については、速度と戻る時間についてニュートン力学と変わりのない計算結果であるのに、突如として、射出時点から光が戻るまでの20年間が空白地帯となってしまう。変わりのない計算結果とは、光速の2分の1の速度であれば倍の時間かかって戻り、3分の1の速度であれば3倍かかるということだ。これに「およそ」という形容をつける必要はない。視点は、地球側に置かれるからだ。空白地帯が生じるのは、光速度以上になると時間をさかのぼるという概念に引っかかるので、どうしても射出時以前にもどると考えてしまうからだろう。時間の処理を、どちらの視点で論ずるべきか、相対論に確固とした理念が存在しないのである。

たとえば時間を逆向きに生きる猫がいるとしよう。土の中から微細物質がわらわらと湧き上がり、毛艶の悪い、年老いた猫のかたちにまとまる。私はそいつを飼いたいと思う。でも、この猫と15年の時間を共有するとはいかなる意味なのか。食事はどうなるのか。吐き戻した餌から何かを推定して、それを与えるということなのか。後ろ向きに散歩をするのか。そもそも15年を共有できるということは、奇妙な生き物が私の時間軸に沿って生きるということではないのか。これらのことについて、かすかにでも正しそうなイメージを作れる人がいるものだろうか。

それとも、あるいは、逆向きの時間を生きる生物とは、無限小の時間を介してすれ違うのみで、全く接点を作りようがないのではないか。無限小の時間という言い方に、何らかの意味を与えることができるならば、だが。

1つの単純な粒子と考えるから、時間をさかのぼることが可能のように思えてしまう。しかし猫のような生き物が時間を逆向きに進むということに、正確な意味を持たせることは不可能だ。

項目2の主張を、よく注意してみればわかる。「光よりも速い信号を送った場合、20年後よりはもっと前に戻るが、放出する現在よりは後になるだろう。決して放出時点をさらにさかのぼった昔に戻ってくることはない」。これは要するに、光よりも速いものがもし存在するならば、光よりも先に目的地に到着するということである。不合理な点は何1つない。

相対論では選択肢が3つある。通常の時間感覚側と同じ結論、すなわち20年を経ずして戻るという予想を受け入れ、ただし信号は若返っているとするか、射出時点よりも前の時間に戻ることになるとするか、ありえないことであるとして議論を拒絶するか、の3択になる。

この中で最後の「議論の拒絶」は、取り合う必要のないものではある。ただし、もちろん相対論内部での理屈は存在する。例の式、$\sqrt{(1-v^2/c^2)}$ で、cよりも大きい値をvに入れてしまうと、虚数になってしまうからだ。さんざん数字遊びを繰り返して、いまさら虚数だから不合理という主張もどうかとは思うが、とりあえず理屈としては通っていると言えるかもしれない。

残りの2つはつじつま合わせの失敗にすぎず、問題のありかは同じだと思われる。通常の時間感覚の側と同じ結論を受け入れ、つまり19年後や15年後に戻る信号はあるとし、しかし信号そのものは若返っているとする考え方は、中途半端な妥協をしていると言えるのかもしれない。一応言っておくと、このような考え方を取る支持者はいないと思われる。調べても出てこなかった。ただし、選択肢としてここに書いておく。もし誠実にこの問題を考えるなら、当然考慮のうちに入るはずだと私は思う。

射出時よりもさらに昔の時間に戻るとする結論は、時間を信号（と同速度の移動体）視点に置くか、地球側に固定するかで混乱がある。光より速いものは時間をさかのぼるからという、字義に拘泥すると、自然にこの考えに陥る。つまり、光が10光年の旅をして、折り返し、地球に戻ってきたときが、光にとっては出発時と同時刻だという暗黙の定義にあくまでこだわると、すなわち20年後に戻って来てもこれが光にとっては同時刻なのであるとすると、この結果になる。問題は、このように文章化できることを、明確な形では理解せず、しかし結果として、矛盾含みのまま光の無時間性を押し通していることだろうか。

これが同じ仮定の話だとしても、行きっぱなしとするなら、時間をさかのぼるということを、目的地の、射出時と絶対時間で比べて過去に着くのか。それともレーザーポインタの組み立てを逆にたどって、電流となり、発電所に行くことになるのか。これでもし宇宙船がテーマであれば搭乗員が若返るなどの手段があるが、単なる信号には適当にごまかす理屈を考えにくいだろう。

ではどう考えるべきなのか。私はここで因果関係を持ち出した議論にはしたくない。つまり、射出以前の時点に戻るとしたら、すでに光を受け取るという経験をしているのでなければならない、といった類のパラドックスを強調する議論は余り説得力を持たないと思っている。間違っているという意味ではなく、相対論を信ずる人がその手の理屈に心を動かした例はないという、ただそれだけの理由だ。かわりに通常の時間概念の側から、この問題にわかりやすい見通しを与えておきたい。相対論の支持者は、その主張とは裏腹に通常の時間概念のみによって全体を理解しているという私の考えに多少でも理があるなら、これが正しい方法だと思われる。

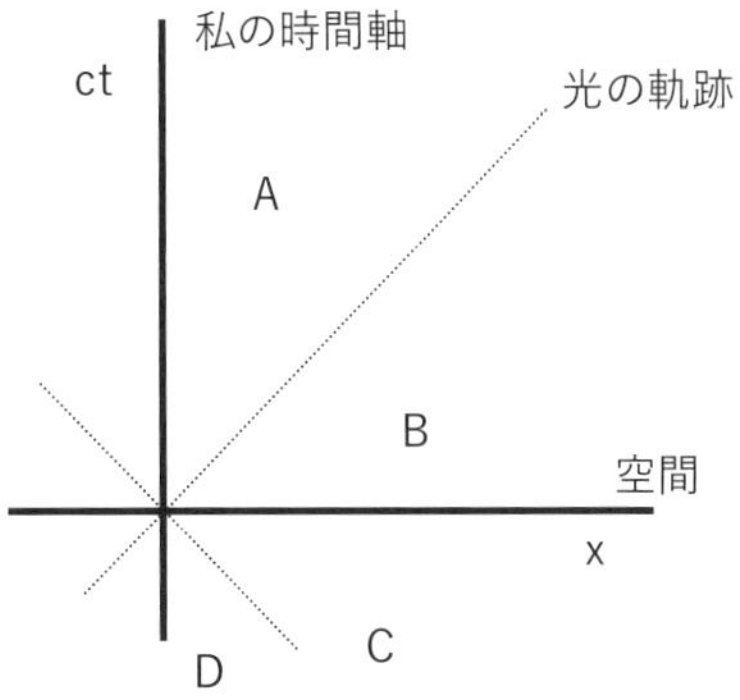

いわゆるミンコフスキー空間を座標図は示しているわけだが、とりあえず2次元的に書き直したもので考えを進めることにする。

これは、ある人が時空上のある位置に立ったとき、宇宙が彼にとっていかなるものかを展望させる図と喧伝されている。と言っても、別に大げさな仕掛けがあるわけではなく、y軸の代わりにct軸を置いて原点にいる人の時間線を表現し、x軸にすべての同時的空間を表現させている。図で、上に行くほど未来、そして左右に離れれば離れるほど、空間的に遠い場所ということになる。単にt（時間）ではなくctとしているのは、光が空間的パラメータと時間的パラメータを結ぶ働きをしているということの目印みたいなもので、c自体は変動のない定数ということになっているので、特にその値について神経を使う必要はない。

ところが、私たちはこのcに、過剰な意味づけを求めてしまう。物理的な、すなわち現実において光が果たしている役割を、この単純な定数に込めてあるものとして考えてしまう。現状で本当にそうなっているのか。この座標の内部で、時間は単調に推移し、空間も単純に広がっている。どうみても、それは相対論の主張とは正反対の考え方のはずではないか。

まず宣言しておかねばならないことは、ミンコフスキー座標は全くのところニュートン式空間の把握法で展開されているのであって、その事実こそが、相対論的な発想では時空間を論じることが事実上不可能であることを証明する、ということだ。なぜなら、相対論の考え方で座標図を展開するつもりなら、y軸がctすなわちc（時間）であるように、x軸はcsすなわちc（空間）であるべきだからである。すると、原点0は静止状態にあるものではなく、光の速度でc線から遠ざかる者、ということになる。このことは、現段階では非常に意味のとらえがたい、荒唐無稽な主張に思えるだろう。

デカルト座標で通常の原点を単に空間上の「ここ」とすると、それはミンコフスキー座標では時間軸上の「現在」も意味する。これに原点から光を放った軌跡を描きいれると、上に行くほど、つまり時間が経つほど単調に原点から遠ざかることになる。ミンコフスキー座標では光速度は基準となる値なので、そのグラフはct＝絶対値xとしておくのが好都合だろう。

相対論では光が何よりも速いとされ、情報がこれを超えて伝達されることはないのはもちろん、たとえば恐ろしく長い鉄の棒があったとして、こちら側を押してやれば反対側も即座に動きそうなものだが、この押す力が向こうに伝わるにも光速度の縛りが存在するとされる。こちらを押してやったとき即座に向こう側も動く物体を仮想して「剛体」という概念を与えている。では、剛体は現実には存在しないとしても、定義としては可能なのだ。「剛体は存在できないゆえに、これを使って『同時』を定義できない」と一部の学者が述べていることはどう解釈するべきなのだろうか。実は同時的空間が相対論の内部理論ではなく、全く日常的な直観によって定義可能であるからこそ剛体というものが意味のあるものとして想像可能なのであって、その逆ではない。同時的空間、これは相対論学者がその思想範疇にあるものとして不用意に多用する概念であるが、全くのところ日常的感覚にしか存在しないはずのものなのだ。なぜなら相対論における同時的空間は光円錐の円錐面そのものであるはずだから。

光円錐の意味と、表現できることは、以下のことですべてであり、それ以上のことを読み取ることも書き加えることもできない。すなわち光の軌跡というのは何かしら作用しあうということの境界線を示しているのであり、現在の私が何か仕事をすると、時間と空間の組み合わせで眺めた宇宙の中で、図のAの部分にのみ、作用を与えることができる。なお、下向きにもこのグラフは描かれておりこれは逆に現時点の私に作用を与えることのできる事象の集合を表している。すなわち、この図の示そうとしているのは、私の近くで起きた出来事は比較的短時間のうちに私に何らかの影響を与えることができ、遠くでの出来事はそれなりの時間を経ないと影響を及ぼさないし、また、私から働きかける場合にも同様なことが言えて、その限界を光の到達速度が決定する、ということだ。

ところで、これ以上のことは表現できないという私の勝手な決めつけをとりあえず度外視してこの原則論を読み直してみるに、これは相対論とは無関係に成立するということは自明であると思う。光が宇宙の中で最高速度を持つ伝達手段であるなら、すべての物理現象は同時刻に光が到達している場所よりも近いところにしか伝播しないというのは極めて単純な理屈であり、ニュートン力学内では成立しない、などと言えるものではない。とりあえずエネルギーが伝わらないことには力学的な動きなど作動しようもなく、エネルギーを伝えるのは何らかの素粒子もしくは波動が相手方および目的地に行き着く必要があるはずだから。

それにもかかわらず、科学者たちはこれが相対論の達成であるかのように喧伝して来た。なぜかというと、この理屈がミンコフスキー座標と光円錐を使うことでようやく説明できると考えたからだ。事実は逆で、今の簡略な説明で十分理解が可能であることで例証できたと思うが、常識的な時空間把握こそが全体を解釈する要諦なのであって、それどころか、全く不細工極まる、かつでたらめなミンコフスキー座標なるものに、どうにか説明可能性めいた外観を与えているのだった。そのうえでもう少し突き詰めて考えるなら、この外観は全くの誤解であることが明らかになる。念のために言うと、この段階で私が指摘するのはミンコフスキー座標の間違いであって、相対論のそれではない。

まずミンコフスキー座標の見掛けに1つ気づくことがある。それは、この座標の生命線ともいうべきct軸を単なる時間軸に置き換えてみると、ニュートン力学の疑似的な4次元展開そのままであるということだ。立体的表現であれば3次元空間を1枚の紙のようにあらわし、それを何枚か重ねて垂直に時間軸が貫く形になる。しかしながらこの形態は相対論支持者が言うところの絶対時間と絶対空間を前提とするから可能なのだ。3次元空間に見立てられた1枚の紙は言うまでもなく絶対空間を表現するものであり、この形式はミンコフスキー座標においてそのまま用いられている。そうであるならば、座標の基礎的な部分で絶対空間に頼った思考に従っているわけである。もっとも、絶対時間と絶対空間という、この2つの概念に科学者がこれまで示唆してきたような深い意味はない。単調に距離を刻む物差しと、単調に伸びる時間軸とで作った座標上にものを表現するということだ。つまりミンコフスキー座標そのものの姿である。

これは先回りの安易な批判に思えるだろう。しかしいずれにせよ相対論の建前にミンコフスキー座標が応えきれていないことは事実だと思われる。ニュートン力学の疑似的4次元表現はニュートン力学を十全に表現している。言うなれば、座標のパラメータは、私たちがこれを直感的に把握するそのままの姿である。座標上の短い距離は近い距離、もしくは時間的な短さを表現している。ミンコフスキー座標はそうではない。座標上の短い距離が時間上はより長い時間を表し、あろうことかこの齟齬具合を自慢する。

そもそも、座標やグラフを使っての表現とは、複雑すぎて把握の難しいデータ群や現実の一側面を直観的に見て取れるようにする工夫だ。デカルト式座標があたかも現実そのものの断片に見えるということは、言うなれば私たちにとって大変幸福な偶然だが、大切なのは直観的な把握が可能であるという部分だと思う。しかるにミンコフスキー座標はこれを眺める人に直観的な理解を許さない。学者は例によって理解の難しさを現実の複雑さ、あるいは読み取る側の頭の悪さに帰結させるのだが、学者自身も全く理解できていないことは、この図表の解説がどれもこれも相対論の数式との突合せに終わっており、たとえばパラメータの表現の不具合を十分に説明できないことなどからも明らかではないか。

それが直接に相対論の反論にはならないとしても、この図表があまりうまくないことは確かである。ここまでニュートン力学を表すのに適した座標が、全く別の思考形態にぴったりはまるわけがない。なぜならこの座標において時間も空間軸も等間隔の刻みで単調に伸びる形になっているからだ。いかなる意味においてもこの2つに単独で正確な量を与えることはできない、ということが相対論の建前だった。したがってこの理論に忠実であるなら、等間隔に刻まれた目盛りが振られるべきは光の軌道のみであるはずなのだ。

ミンコフスキー座標が相対論の建前を表現できていないだけなのか、もともとこの不完全さが相対論の性格そのものなのかは、ここまでの考察からは明らかにならない。しかし、学者が建前を十分表現できたと認める座標が存在しうるとして、それがどのような形になるのかは私にはわからない。そしてもうひとつ、学者たちはこの座標図をもとに気ままな空想を広げているのであり、当然ながらその空想は根拠を持たない言いがかりとして排除されなければならない。私が排除するのではなく、本来ならば相対論支持者の方から批判が起こらなければおかしいということだ。

説明可能性の見掛けを、相対論の主張に沿って考えてみよう。いくつかある主張の1つが、この座標にある位置が描きこまれた場合、それは「もの」ではなく、ある「出来事」だということだ。たとえば任意のp点があったとして、それは大マゼラン雲の位置を示すのではなく、宇宙船が大マゼラン雲に到着したとか、私が初めて大マゼラン雲を見た、などという事象を示す。そしてその事象は私とかかわるものでなければならない。なぜなら私とのかかわり方によって初めてその事象の時間が決定できるからだ。例えば、適当に2つの点をAに描きこんで、その2点を結び、生成（b）から消滅（a）までの軌跡とすることで、ある天体の生涯を書き込めるような気がする。

しかし20歳の私が1億年とみなす生成から消滅までを30歳の私は8千万年とみなすかもしれない。時代を隔てた私は、その星との相対速度を変化させているかもしれず、その場合にその星の寿命も異なるものとして把握することになる。すなわち生成から消滅までのプロセスは中心の時間線すなわち私のどの時点とかかわりを持つかによって全く違う意味を持つ。線分abの内容は、ct軸上の（例えば）mから見るかnから見るかで変化する。ところが、かかわりの持ち方とはいかなる意味なのかそもそも不分明なのだ。私の側から生成の瞬間をめがけて何かの働き掛けをするということはまずないだろう。一般的には、目撃する、すなわち光を受け取るということになると思う。では星の一生などという長期間のものは正確には描けないはずのものなのだ。

ここでありうる反論は、この図全体が原点における私の速度、ひいては私の時間の流れをそのまま延長することを前提としたものであるから問題ない、というものだろうか。それはつまり、原点における私の速度、ひいては時間の流れをそのまま延長することを前提とした全体の記述が可能であるということになる。この反問は一見無意味だろうが、私が言いたいのは、そのような全体の記述は物理学として不完全であるという主張が相対論の側の取柄だったはずだということである。今書いた「原点における私の速度、ひいては時間の流れをそのまま延長することを前提とした全体の記述が可能である」ならば、ニュートン力学が可能だということになるのではないか。そしてそれは今まで繰り返した通り、さらにこの先明らかになる通り、相対論よりはるかに包括的で柔軟な思考なのだ。

基本図を再掲する。相対論で時間論を展開すると、日常の感覚に沿わないことが次々に出てくるが、そもそも相対論の定義する過去、未来と、日常概念のそれとはかなり違いがある。日常概念ではx軸より下の部分は過去になる。作用可能性で定義できる時間、および光速度で考えられた相対論の時間概念ではAのみが私の未来世界である。Dはどちらの世界観でも過去になるけれど、Cについては多少怪しいだろう。通常感覚ではもちろん異論の余地なく過去だが、相対論ではこの部分が意識して論じられているわけではないのだ。図面上では存在しているはずなのに、理論的には定義不能であり、議論にも上らない。

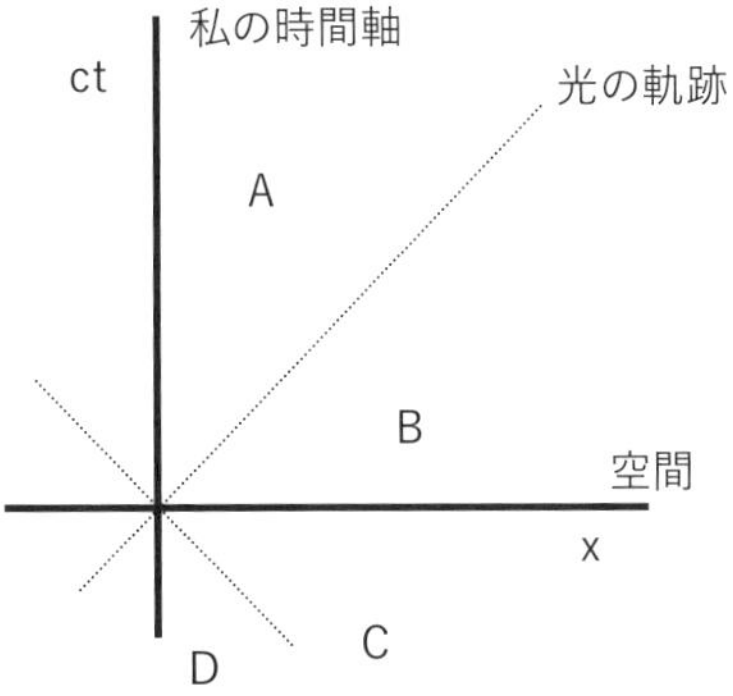

理論的には定義不能、と書いたが、実は明快な定義が可能だ。ただし、学者がそれを認めることはないはずなので、それを承知の上で書くことにしよう。Aについて言うなら、それは「原点から遠ざかる動き」という意味がある。遠ざかるとは、時間的空間的、ともに含むものだ。この部分に点を打つなら、それは直線的に遠ざかる信号の4次元的表記の一断面を示すことになると思う。ただしこの4次元的表記とはニュートン式の疑似4次元である。

Bは絶対時間では未来でありながら、光円錐による時間感覚では過去になる。つまりそこに存在する事象に対して働きかけはできない。しかしもしそれが、たとえば超新星の爆発であるなら、いつかはその光を受けることができるという意味で過去にはなりえる。また、現実には存在しないかなり過去の私なら、働きかける可能性もあったという意味で、過去の事象と言える。Dは近づく動き、CはBと同様の非常にあいまいな領域ということになる。認識上は過去に属しながら、原点の私になんらかの作用を与えるためのシグナルを送ることができない部分である。ただし私の未来に影響を与えることは可能なので、相対論支持者のさまざまに入り組んだ作り話の中では未来として語られる。

つまりB、Cはよく整理されないままその時の話の都合で未来にも過去にも分類されてしまうわけだ。タイムパラドックスのような、一見解きほぐすことのできない謎は、この部分をきれいに整理すれば生じないはずだった。言うなればニュートン式の絶対時空間と相対論の建前である光円錐に基づく時間とを無頓着に混ぜて使う支持者たちの態度がもたらしたものである。しかし後者の建前のみの時間論1つに頼って宇宙を論じることは私見によれば不可能だろう。

B、Cの正確な意味を学者が認めるはずがないと書いたが、ここでもまた多少の訂正をしたい。ワイルが例によって先鞭をつけているからだ。彼はAを能動的未来、Bを受動的未来と名付け、t=0は客観的意味を持たないのであって、時制のすべては作用によって定義されると言った。この大変もっともらしい趣向に人々は騙されたわけだ。つまりいかにも深い意味がここにあるような気がするが、同時刻は意味を持たないと言い放ったうえで、時計をいちいちその同時刻の地点まで運んで同じ時刻であると追認しているのであって、それならば同時刻は意味があるのだ。もう少し後で、相対論支持者の言う「作用による定義」が通常の時空間概念をもとにしていることを論じるが、とりあえずここでは、主観的客観的とはそれこそ意味のない形容であって、主観的に意味があるなら客観的にも意味があるのであり、作用によって同時刻の位置が決められるなら、当たり前だが別の方法でその位置を確定しても無意味にはならないと言っておく。

おそらくワイルは客観的意味を持たないという言い方で絶対時間は存在しないということを表現したかったのだろう。これが無意味な罵倒語にすぎないことはたびたび繰り返した。時計を移動させることで追認できる同時刻をいろいろな考えの基準とすることは可能であり、大変現実的な戦略であると思う。それを絶対的時間と呼ぶかどうかは本質的な問題ではない。

光円錐の意味が通常概念で十分に分析可能であるのに、相対論のみがそれを明らかにするというもっともらしい作り話が簡単に信じられてしまった。同様に、ミンコフスキー座標内の出来事は通常概念で理解可能であるのに、いちいち相対論の理屈で上塗りされる。

作用とは何か。自然界は多様であるから、いろいろな内容を考えることができるだろうが、とりあえず力が伝わるその軌道を座標上に示すことは、1つの物体がそちらへ向かうことと区別できないのだから、私たちはもっと単純な見方を選ぶべきなのだ。作用という複合的な概念ではなく、物体の移動と考えるべきであるとすれば、この座標上では描かれた物体は必ず移動しなければならず、しかもctとcという時間の方向付けによってこの図表全体ががんじがらめにされており、結果として極めて単純な動きしか書き込めない。事実は、原点から単調に遠ざかる動きと単調に原点に向かってくる動きの2通りしかミンコフスキー座標上には存在しないのである。もっと複雑なさまざまのことをここに表現できるというのは学者たちの勝手気ままな空想にすぎない。

5　ミンコフスキー座標にほとんどの事象は書き込めない。続き

つたない図を再掲する。

余計な混乱を避けるため、図の上半分、かつ右半分のみ（すなわち第1象限）について考える。光速度を超えるという、相対論という理屈の中ではありえない仮定、ただひとつこれだけを受け入れたとして、相対論視点で混乱が生ずるのはBの意味がとらえきれないからだと思われる。ここで起こる事態は理論に反することであるという

ことが、ひとまず相対論の言い分になるのだが、それは人間と自然の関係から生じるパラドックスではなく、単なる図面の不備であるにすぎない。「相対論に従えば過去だが、通常の時間概念では未来に属する」という言葉が示しているのがその意味だ。ただしそれはBの領域のみのことであって、たとえ相対論が作るからくりを受け入れたとしても、Cには何一つ手をつけることができない。過去への通信だとか旅行が可能だと考えるのは、Bに属することとCに属することを区別しないからである。実はパラドックスの核心は直感に反するBが存在することではなく、Cがあるということを忘れてしまうことなのだ。もし相対論に忠実であろうとするなら、ヘルマン・ワイルの説明するところ（邦訳は「空間・時間・物質」、内山龍雄訳のちくま学芸文庫版の上巻358ページ以下にこの記述がある）でも明らかな通り、同時的空間というものが作用可能性以外の通念によって定義されてはいけないのであって、つまりx軸およびその平行線が意味を持ってはいけないはずだ。これは言葉を変えるなら、領域BとCの区別を相対

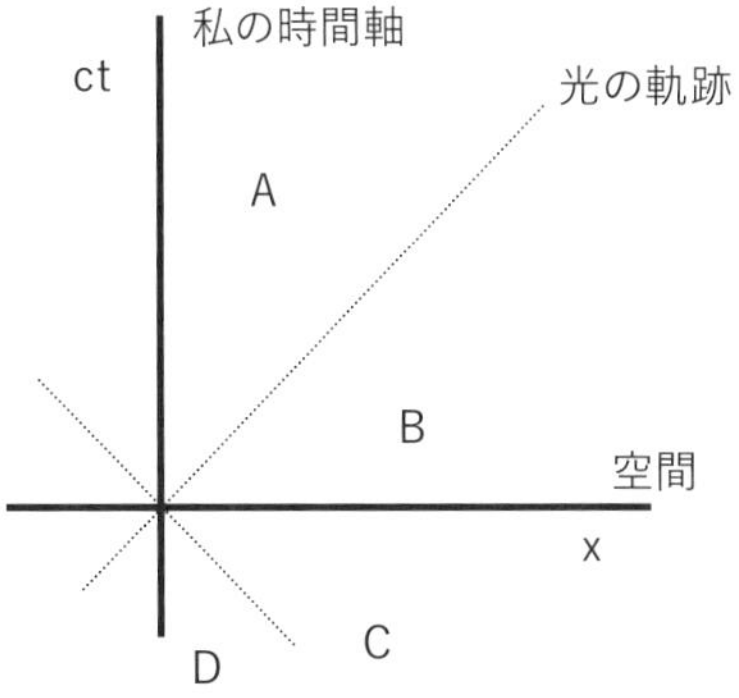

論の中でつけることができないということである。時間旅行が可能だと考える人は確かに区別をつけていないのだろう。しかしこれは悪い意味でその通りなのだ。相対論でB、Cの違いが本来意味を持ってはいけないということは、Bの持つ性質が、通常の時間概念を取り入れない限り生じない、ということでもあり、学者たちはそこに概して無頓着なままだった。

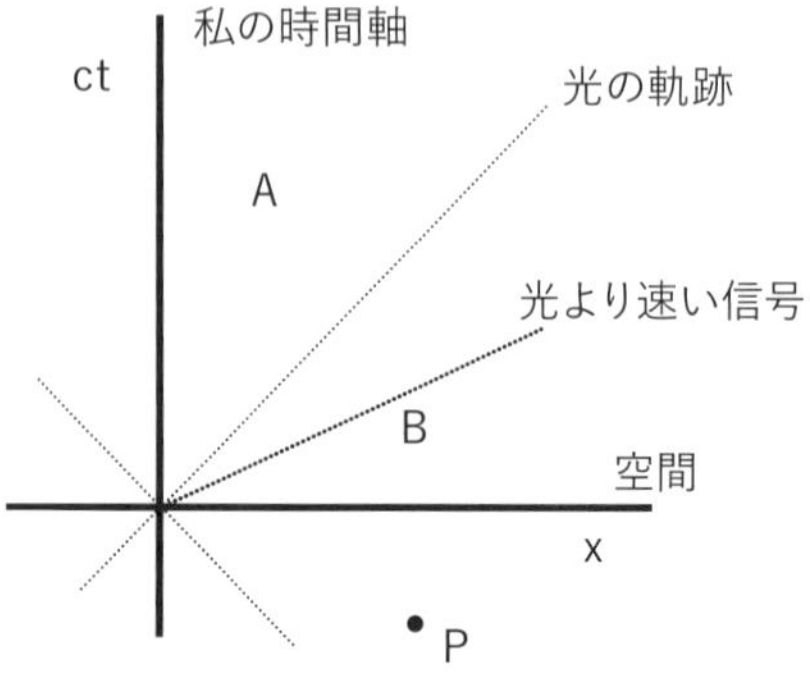

項目2「光よりも速い信号を10光年かなたの反射装置に送る。これは20年後までは行かない未来に戻ってくるが、射出時点をさかのぼったりするわけではない」が言うのは、往路のみで考えればわかることだが、光より速い信号は光よりも速く目的地に到着する、という単純な事実だ。この信号は上図のように描かれる。これはまさに通常の時間感覚では未来に属するが、相対論では過去という意味を持たされた領域の中を進む(これが折り返し、私の時間軸に向かってくる場合の考え方は、さらに複雑なパラドックスを一見もたらすので、それについては章を

改めることにする。ここでは、相対論の誤解のありどころを示すだけでよいだろう)。決してx軸よりも下の領域に進むわけではない。先回りして言うなら、x軸よりも下の部分は原点に向かってくる動きしか描きこめないはずである。宇宙の構造がそうなっている、と言うのではなく、これは単なる図面に対する定義だ。相対論自身が下した定義なのであって、私の主張ではない。先ほど、Bの持つ性質は通常の時間概念に頼らなければ生ずるはずがないと書いたが、それがここに現れている。点Pは、もし描きこんだら私に向かってくることしかできないのであり(すなわち私に作用し得る)、領域Bには私から離れてゆく(私が作用を与えうる)ものしか描けないのである。向かってくる、離れてゆく、という言葉を使っているが、これは単純に「過去に属する」「未来に属する」と言うべきものだ。つまり実は(相対論内では)本来あるはずのない絶対時間による区別を最初から想定している。

光円錐を簡略化してみた。図は将来ある場所で超新星爆発が起きることを示している。その余波としての放出物は、我々の方に向かってくるものもあり、遠ざかるものも当然ある。前者をn、後者をmとして上半分に描きいれてみたが、これで正当であるように一見思える。しかしながらこのnは下半分にn'として描いたような書き方しかできないのだ。もちろん下半分に遠ざかる動きは描けない。要するに過去に対して作用を与えることはできない、という意味である。それでは超新星爆発が過去の出来事になってしまい、時間の前後関係が無視されるのでいよいよ正確さから遠くなる。つまり超新星の爆発点の全体像は光円錐に表現することはできないのだ。さりながら、遠い将来に超新星の爆発というイベントがあったとして、それを目撃することは可能であるのは明白ではないか。

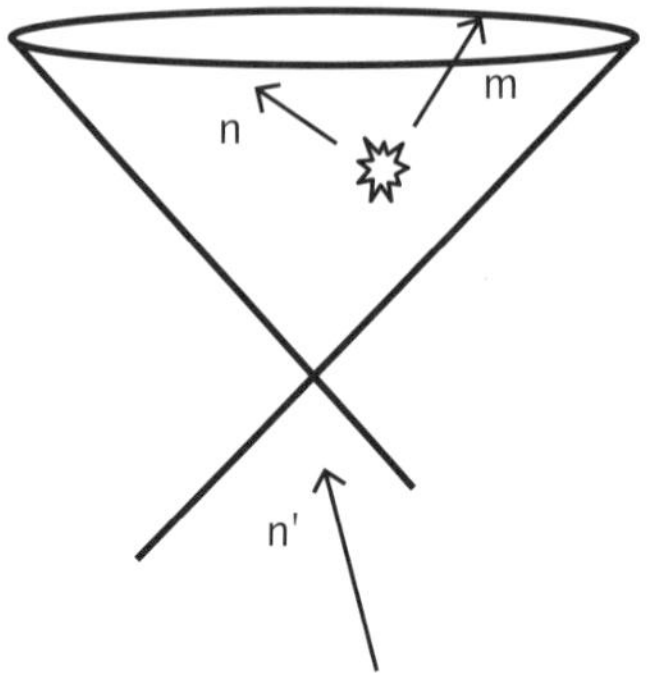

何度も繰り返すように、光円錐の図が相対論を十分に反映していないのか、相対論の主張が間違っているのか、この一連の議論だけでは明確ではない。しかし次のことに気づくと、これは後者であることがわかる。すなわち、この光円錐の内部で起きることに関しては、全く同じ地点、たとえばA領域（光円錐の内側）に、通常の世界観（y軸をctではなく単純にtと置く世界観）で同じ事件を描けるということだ。そしてそちらならば、爆発による放出物はきれいに未来の領域に描きこめる。また、光円錐の外側に爆発を置くことも可能だ。

光より速い信号を想定しているがゆえに、この線分が、ひいてはこの領域があり得ない、とする意見はどうだろうか。しかしそれは、たとえば今こうしている間にもアンドロメダ大星雲中で超新星の爆発が進行中かもしれない、遠くの暗黒星雲の中に星が誕生しつつあるかもしれない、などといった記述が無意味だと宣言することである。宇宙が広がっている限り、Bの領域の中に何かの事象は存在するはずだから。A、D、それぞれの領域が意味するのは、ある時間内に私に影響を与えたり与えられたりする事象の集合だった。しかし宇宙には「ある時間内に」影響を与え合うことはできないが、いつだって確実に何らかの事象が発生しているはずで、そこまで否定することは科学的思考の範疇にはあり得ないことではないだろうか。

光円錐の欺瞞がここまで述べてくると明らかになる。それは私のいる場所から次第に遠ざかるもの、私のいる場所に向かってくるものしか描き得ないのに、全宇宙の事象がそこに含まれているかのような見かけになっているのだ。つまり、この図を使った分析は、その2通りの動きがすべての物質の動きであるかのごとくに説かれるわけである。

定義はあくまで形式的な議論だから、それ自体が間違っているということは基本的にはない。これは一見奇妙な考え方のようだが、たとえば霧と靄《もや》の違いは自然が決めてくれるわけではなく人為的に定義するしかない。定義の提供する概念が余りに自然そのものと食い違っている場合にはもちろん問題がある。例えば水の融点が摂氏零度、沸点が百度なのは、もちろん偶然の出来事なのではなく、定義による決め事だからである。しかしこれが同じ気圧の下でもたびたび変動するようであれば定義として使い物にならない。

そこまでの不都合がなければ後は定義通りに言葉を運用するだけということにな
る。すなわち相対論が「未来」と「過去」に日常感覚とは違う定義を与えても、それ
を守ってくれさえすれば何の不都合もない（もちろん逆に日常感覚の側も定義自体が
間違っていると非難されるいわれはない）。しかしそれは極めて怪しいことだと気づ
く。まず、「相対論では過去に属するが、日常感覚では未来になる」領域が存在する
などという話を私は聞いたことがない。できるだけたくさんの文書を読んだつもりだ
が、それらしき記述には巡り合わなかった。余り着目されていないのだろうと推測す
る。つまり定義とその運用に無頓着なのだが、この場合問題になるのは、相対論の側
が、日常感覚のほうこそ言葉の定義を間違って運用していると考えることなのである。

相対論による過去、未来の定義は科学的で正確である。これに反して、日常感覚の
それは、直感という不明瞭なものに頼っており、非科学的で頼りない。これが大方の
見方だろう。しかしこれは本当なのか。ミンコフスキー座標において、x軸は通常感
覚と同様、相対論でも原点に対する同時的空間だ。これは何を意味するのか。私はで
きるだけ哲学的に語ることを排除しようと努めてはいる。語らずに済むのならそれが
最良である。しかしここでは哲学的であることは避けられないかもしれない。同時的
空間とは、時間のない世界を想定することである、と私は思う。純粋な空間という観

念で世界を一気に把握するという想像だ。その想像に対し後付けで定義を与えることは可能だが、たとえそれが科学的な理論であっても、元の直感に対しさかのぼって根拠を与えることはできない。根拠を与えるのは直感の側なのだ。私がここで言うのは、相対論がもっともらしく同時を定義してみせても、それは日常的な同時という直感の言い直しにすぎないということである。

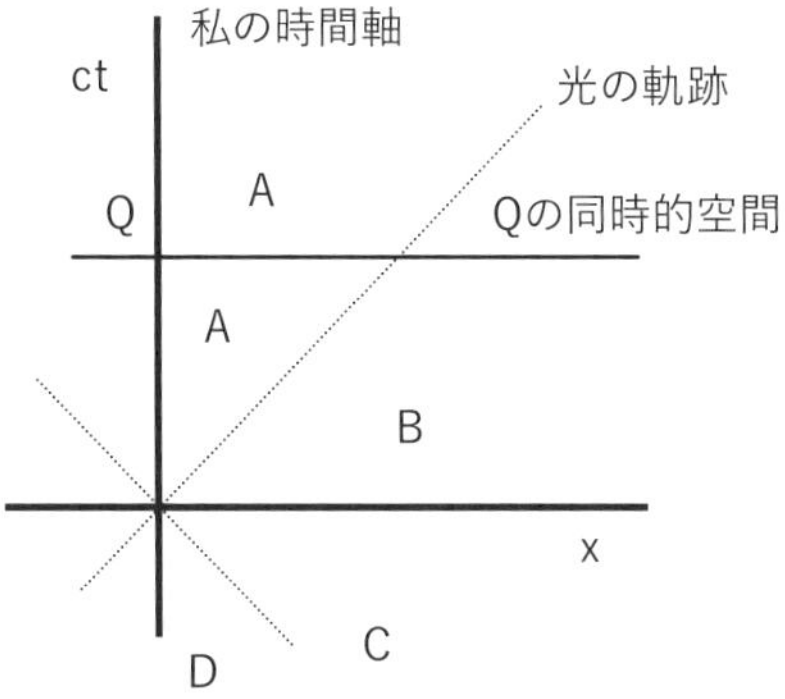

ためしに「私」の時間軸上のQ点に対する同時的空間を描いてみると上図のようになる。これは通常感覚だけではなく、相対論でも成立する「同時」だ。遠い場所のことであったからすぐには把握できなかったが、あとから思えばあれはQと同じ時刻の出来事だった、という形で後付けできる。そして実際多くの（実はすべての）相対論科学者は、この同時的空間の概念を利用している。したがってそれが相対論内部の概念であると信じている。だが残念ながらそれは相対論で定義する過去と未来を必ず横断する形になるのだ。

タキオンなるものが実際にあったとしたら、光よりも早期に戻り、しかし射出した時点よりは後の時間になる。この一文に、相対論に反する考え方は含まれていない。ならば、項目2の相対論支持者の誤解は実に単純だ。このとき、タキオンが時間をさかのぼったと言いうるとするなら、それは光が地球に戻った時点から見ると過去になる、ということである。相対論の定義する過去とは、光が到達する前にすでに起きてしまったこと、という意味だ。慧眼の人ならすぐに理解するだろうが、過去の概念が論点先取りの形でここに入っているだけである。冒頭に述べた通り、「光速度に時間の基準を置く」と言うとき、それは0なのではなく1であるべきである、と理解すれば言葉のもつれが理解できる。つまり、もし光とタキオンに年齢があるなら、戻ってきたタキオンは戻ってきた光よりは若いはずであり、これが「時間をさかのぼる」ということの意味になる。タキオンと光を同時に反射板に向けて放ってやれば、どちらも未来に戻ってくるのであって、通常の時間概念での意味で過去にさかのぼる（すなわちタキオンが若返る）必要はない。戻ってきたタキオンは、戻ってきた光よりは若いだろう、しかし射出時点よりは年を取っているのであって、もとより、タキオンと光が戻る時間にずれがあるのだから、タキオンのほうが若くてもよいのである。

要するに、信号を放出し受け取る人間の時間感覚と、タキオンの立場に立った時間感覚とを明確に分けずに考え、しかもB、C領域に対する無配慮が事をややこしくしている。この問題で、通常の時間感覚側は、未来、過去という概念を自分たちの定義する内容で正確に把握しており（混乱があるとすれば相対論学者の意見を聞いたことで戸惑わされたということでしかない）、むしろ相対論の側が、通常の時間定義を知らず知らずのうちに自分たちの概念に反映させてしまっているのである。

6　ポアンカレ運動とは

もう一度検討項目を書いておく。信号を10光年向こうの反射板に送り、戻ってくるまでの時間を考えることにする。

1　もし光を送った時、片道10年の行程なので、20年後に戻ってくる。

2　次に、光よりも速い信号を送る。これは確かに20年後よりはもっと前に戻るが、放出する現在よりは後になるだろう。決して放出時点をさらにさかのぼった昔に戻ってくることはない。

3　信号が無限大の速度を持ち得るなら、放出と同時に信号を受け取ることができる。

4　光よりも遅い信号の場合、もちろん20年後を超える未来に地球に戻る。

ひとまず2項目終えたので、つぎの検討項目は3になる。「もし無限大の速度の信号がありうるなら、射出と同時に、遠くの反射板から戻ってくる信号を受け取ることができる」。

これは、表現として危ういところがあるが、異論の余地なく正しいのではないだろうか。これならば、時間をさかのぼる、すなわち射出時点以前に戻るためには無限大以上の速度が必要であることになり、理屈でも、感覚上でも、時間をさかのぼることの不可能性が理解できる。もちろん無限大の速度の信号は相対論の主張を待つまでもなくあり得ないので、放出と同時に受け取ることがそもそもあり得ないことになる。

かなり以前のことだが、この意見をためしにネットに書き込んだところ、理解できない人がいた。彼の返答は「無限大とは限界がないということだから、意味をなさない件」という、ネットらしく人を小ばかにした表現だった。単芝を生やしていたかどうかは失念したが。いや、わかるだろうよ、とそのとき思ったものだ。彼は無限大以上の速度という私の一見不用意な発言が気に入らなかったのかもしれない。しかし彼（彼女なのかな？）にとって「意味がない」という感覚を要求する概念だから時間をさかのぼることが不可能だとこちらは言っているわけで、理解はできるはずだ。そもそも無限大以上とは意味がないのではなく矛盾である。理解を拒む要素は、相対論に文句をつけるという私の行為が気に入らないという気持ちだけではないかと、その時感じた。

速度の話の中に因果律の逆転などというものはない。時間も距離もマイナスになることはないのだから、最大限の速度とは出発と同時に目的地についているということになる。それ以上の意味ではない。すなわち日常語および時間の直感的な把握が先にあるのであって、無限大かどうかの大きさはそれをもとに導き出されるのだとすれば、後者が無意味であるか矛盾であるかはさほど問題ではなく、とりあえず時間側に課した設定が現実的ではない、という結論に至るだけである。無限大以上、は不用意な言葉には違いないのだが、気持ちを汲み取ってもらうしかない。

もし剛体の長い棒が存在するなら、こちら側を押し引きすることで暗号みたいなものを送るとして、全く時間の無駄なくあちら側にそれが伝わる。「剛体が存在すると仮定する」、こう言い換えると、相対論の内部でも無限大の速度が無理なく理論として使える。つまり剛体とは「同時」というものが通念としてあらかじめ成立していることを前提として、それに対する力学的な説明であると概念化できる。これが現実には存在できない、と言うことはもちろん可能だが、理念として理解不可能であると言うことはできないだろう。ネット及び複数の書籍を参照したところ、「光速度が事実上の無限大の速度である」との記述を度々見たが、これは余りにも乱暴な意見だ。なぜなら光は放出と同時に戻ってくるわけではない以上は「事実上無限大の速度ではありえない」と言わなければならないはずだから。もちろん論者の趣旨はわからないでもない。すなわち、ニュートン力学上での無限大の速度の持つ性質がいくつかあるとして、相対論の中で光速度の持つ性質がそのいくつかを満たす、ということである。

ただし、共通の性質があるにしても、もしかしたらそれぞれが他に固有の性質を持つかもしれないと当然考えるべきであり、何の検討もなしに「同一である」という言い草はありえない。

つまり、「光速度が事実上の無限大の速度である」とは、光よりも速く移動する存在がないということを意味ありげな表現で語っているだけであり、気取ったレトリックにすぎないのだ。何が同一であり、何が同一でないかの指摘が必要である。しかしまぎれもない無限大の速度を使った「同時的空間」の概念を肯定しているのだから、論者たちはやはり単に口先のみで相対論の時間定義に同意しているのであって、それが何かについての把握ができていないと思われる。把握できているなら「光速度は事実上の無限大の速度ではありえない」と言うはずなのだ。

そして、もし光が「事実上無限大の速度」で移動できるなら、当然10光年先の反射鏡に放出した光は全く時間を経ずに戻ることができるということになってしまう。もちろんそういう含意のもとに組み立てられている理論であることはわかっているが、このことを現実的な事態として誰か正確に描写できるものだろうか。

光速度から、無限大の速度までの差は、やはり無限大となる。つまり、光よりも速い信号をB領域に描くとすると、ct軸からの角度が大きければ速度も大きいわけだが、x軸に近づくほどいわば密度が濃い状態になる。xに重なってしまうと無限大の速度になるだろう。

これは宇宙のいたるところで起こっている事象のうち、光円錐の内部に含まれないものがことごとくここに押し込まれているということの、観念的な表現になる。

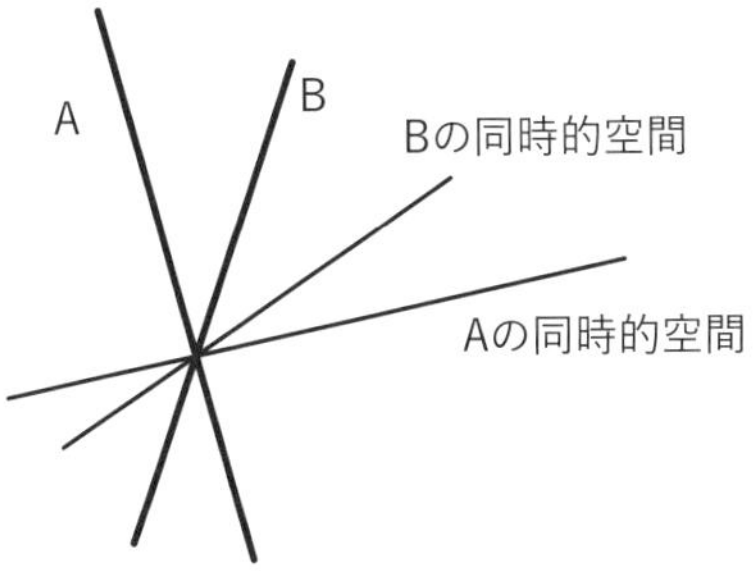

ここで傍論として、ポアンカレ運動について考えておく方がよいかもしれない。ポアンカレ運動とは、相対論の内部で、もし光速度を超えるようなことがあれば過去への通信が可能になるということを見やすい理屈として示すものである（ペンローズ『皇帝の新しい心』２２７−２２８ページ参照）。光速度が事実上無限大の速度であるか否かが大きくかかわる問題なので、ここで概観しておく価値があると思う。

原点にいるのが私だとして、私の同時的空間はx軸で表現されるが、私から急速に離れてゆく者があるとして、その人の同時的空間は私のそれに対して一定の傾斜を持っている、と考えられる。もっとも、相対論では、わざわざ「急速に」などと形容せずとも、ある場所ですれちがったどうしでも時間を共有しないとされてい

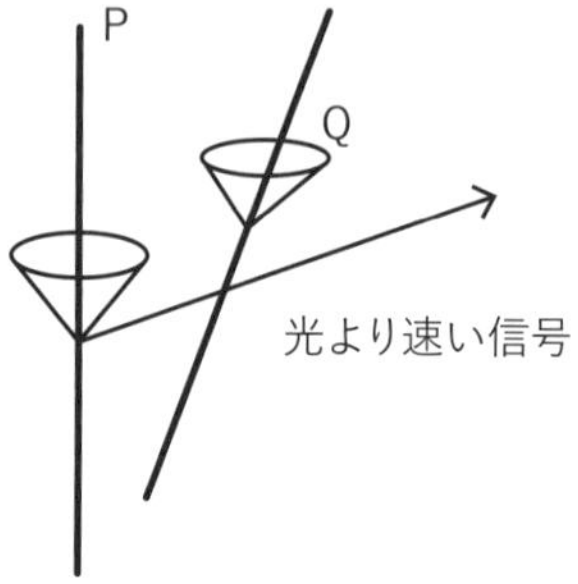

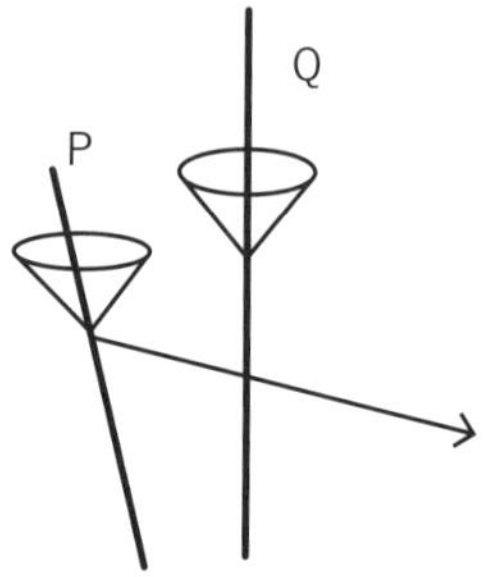

る。極端な例を使うのは全体を見やすくするため以上のものではない。ただし、歩みが緩慢な場合、時間のずれが明らさまになるのはよほど遠くの出来事になるだろう。ペンローズの主張を紹介した箇所で見た通りだ。

とある場所で2人が出会い、すれ違ってゆくとき、2人の同時的空間は異なる。このずれを称してポアンカレ運動と言う。いくつかのずれを組み合わせることで、過去を覗き見ることが可能になる。もちろん、こちら側の主張に沿うなら、過去を覗き見ることが可能になると錯覚する、が正しい表現となるだろう。

もしPが光より早い信号を送ったとして、それをQの立場から見ると、上の図のように、予定されたよりも過去に届く。つまり水平より下向きになる。もちろん、そういう設定にすぎないと、こちらは言いたいわけだが。

超光速の信号をPが発し、受け取ったRがやはり超光速で送り返す。そのやりとりをQが観測すると、送り返された信号のほうが過去の出来事であると認識される。すなわちPの視点では1、2、3の順番で進むことが、Qの視点では3、2、1と逆行する信号が見えることになる。

この説明には、主に2つの点で批判ができるが、無限大の速度という概念に深くかかわるほうから考えてみることにする。

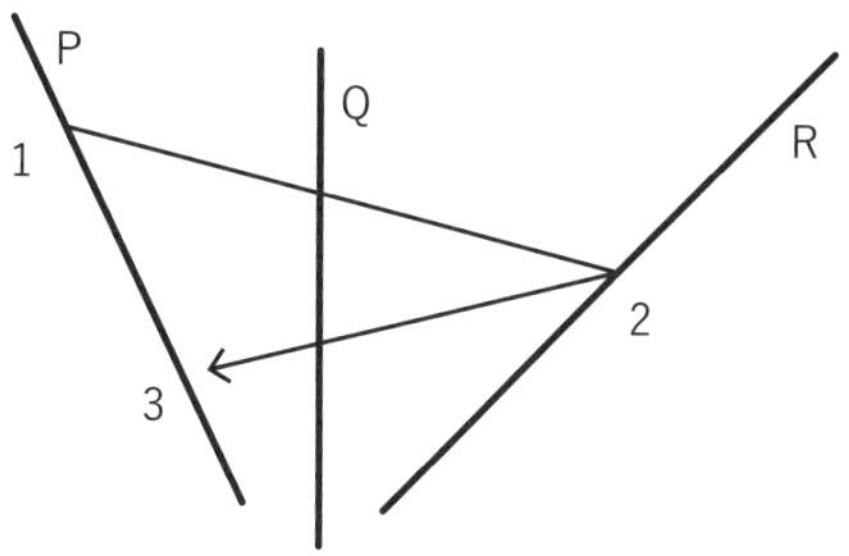

7　無限大ということを現実世界の中で考える

上図でまずmの視点で見ていたものをlの視点に書き換える際、mとnの成す角度、つまり速度差は、A図のままが維持されるBではなく、Cが正解である（図が下手なのでわかりにくくて申し訳ないが）。すなわち同じ速度差を表現するのはより小さい

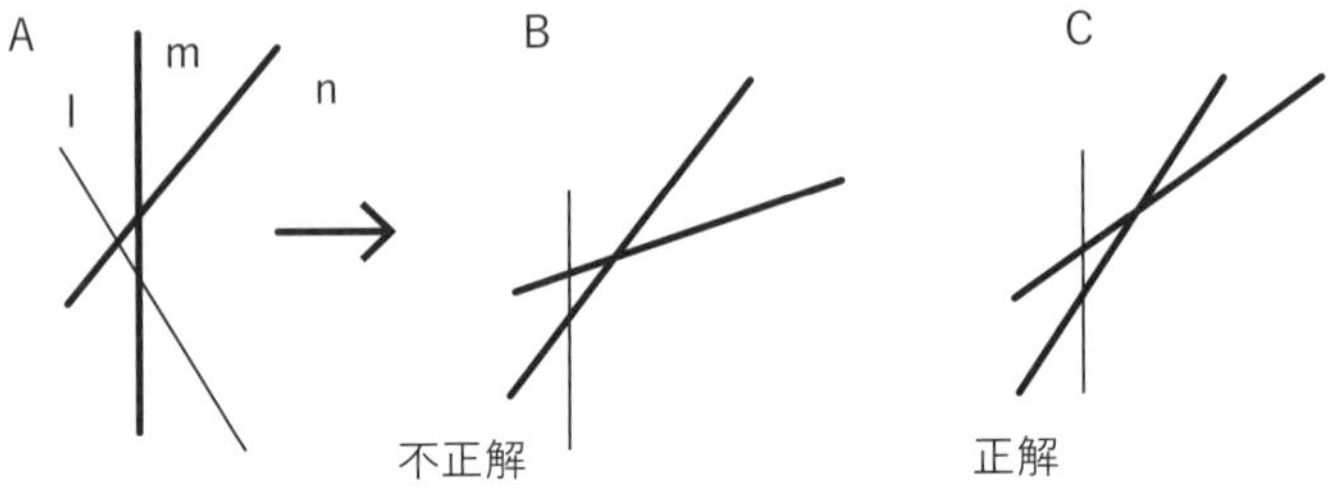

角度である必要がある。もしかしたら相対論では実際に速度差が小さいという表現になるのかもしれないけれど、要点は同じで、ここには描かれていない水平軸に近づくにつれ同じ速度差でも小さな角度で示されるということだ。「実際は同じ速度差だが小さいものとして表現される」と「実際にも小さな速度差なので小さく表現される」は図と現実の照応関係に対する2通りの解釈であって、奇妙なことだが、図そのものはどちらも等しく支持していると考えることが可能である。つまり図の「文法」の正しさはどちらの内容であるかに依存せず、ここでの私の批判はその文法に対するものであって、現実に対する解釈の違いではない。図の規約に関する当否は当然純粋に理論的な問題なので、現実がどうあるかという問いとは無関係に決定できる。

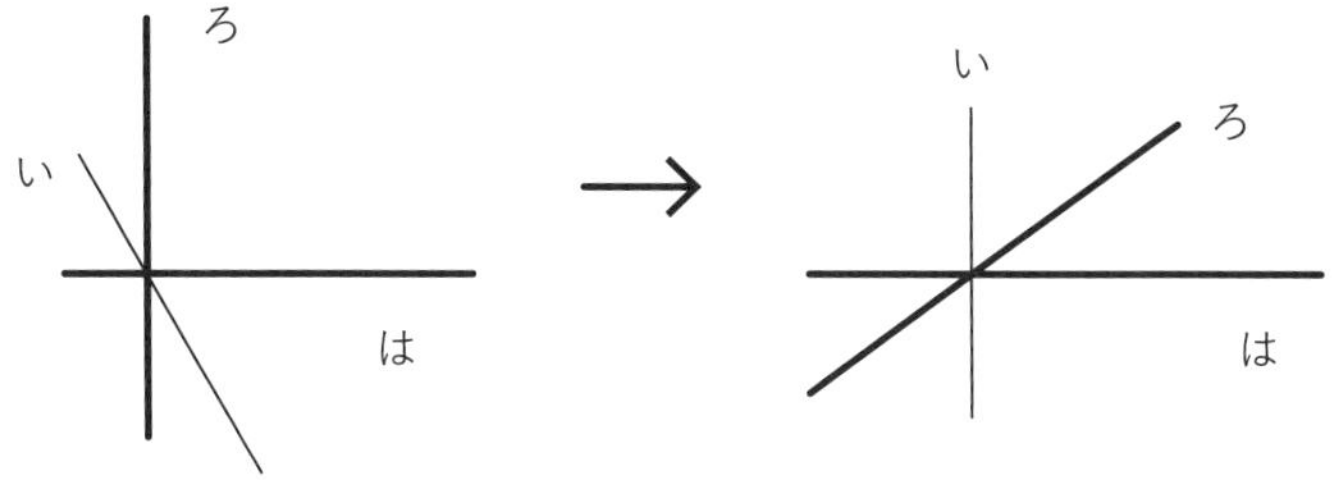

極端な例で考えるとして、「は」は「ろ」に対してほぼ無限大の速度で遠ざかっている。つまり「は」は座標軸ではない。したがって垂直に交わっているわけではない。それを右のように「い」の視点で見た場合、「は」の世界線は全く変化がないように描かれる。もし「は」の向こうにやはり「は」からほぼ無限大の速度で遠ざかる世界線があったとしても、やはり「い」の立場から見て「は」と重なるような描き方をされるだろう。ここから言えるのは、以下の再掲図において、右図矢印のような角度の信号はありえないということになる。

これはミンコフスキー座標を想定しているにもかかわらず、図を描く段になって単純にデカルト座標的なとらえ方をしていることからくる錯誤だろう。なお、ここまで述べたことについて、ほぼ無限大の速度というとき、ニュートン

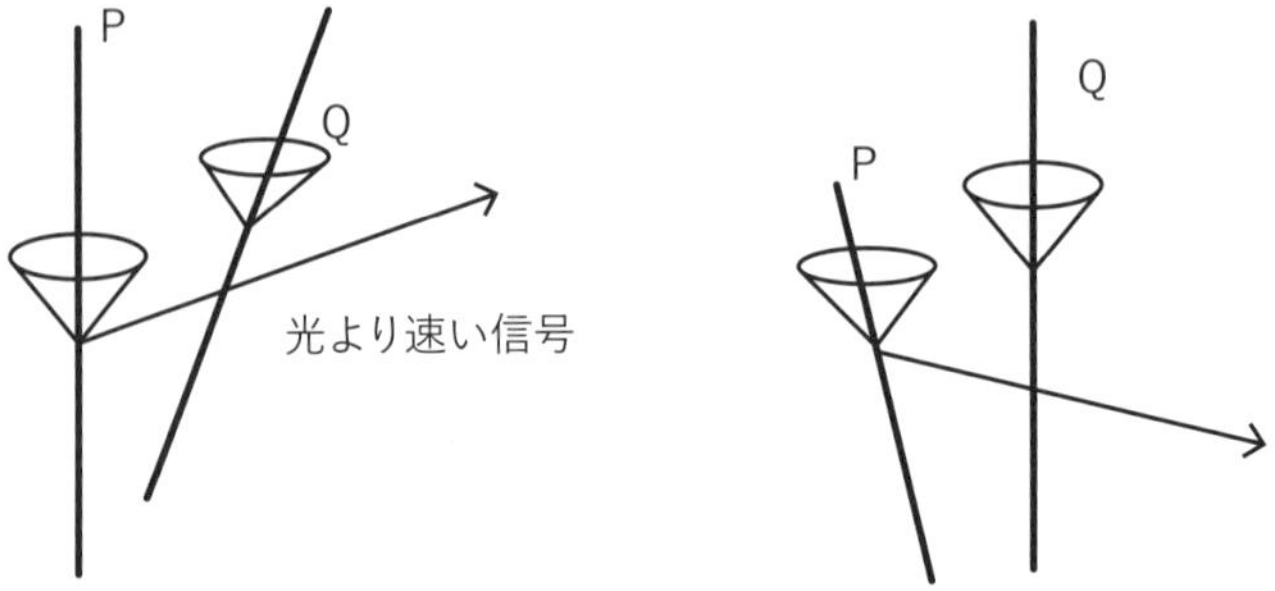

力学上のほぼ無限大と、アインシュタイン力学内での事実上のほぼ無限大とで、図の中での確認事項について、なんの違いもない。

ここで1つの解釈がある。それは上図の右の信号は矢印の向きではなく、それとは逆に、Pのほうへ向かっているものとしてQの立場からは見える、という考え方で、たとえばペンローズなどはそう述べている（Cycles of Time）。この意見の背後にあるのは、もとは至極まっとうな見方であるにもかかわらず相対論の中でいつも勘違いとともに応用される日常的事実だ。

近づいてくる乗り物があり、そこから路傍の私に向けて乗り物より遅い信号が発せられているとしよう。私が乗り物を視覚できず、信号だけに着目するなら、乗り物は遠ざかっているように見える。太い矢印が乗り物の進行を表している。

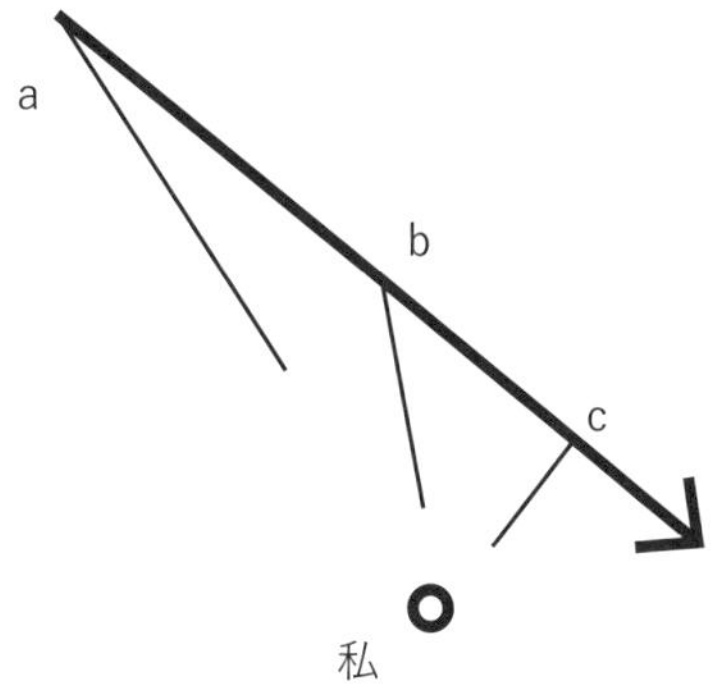

図のa、b、cそれぞれから私に向かってゆっくりとした信号を送るとして、もしこの乗り物が極めて速く移動しているなら（できるだけ極端に考えて、1秒でaからcまで動く、そして信号はaと私の間で分単位の時間がかかるものとするとわかりやすい）、私が最も早く見ることになるのはcからの信号で、次にbからのものになる。つまりこの乗り物がcからb、aとたどっているように見えることはタイムパラドックスや空間の歪みなどを持ち出さなくても日常感覚のままで肯定できる。

この、矛盾とは感じないという時空把握のあり方がミンコフスキー座標の中でも生きている。矛盾にならないのは、「実際には」と問うことが通常感覚の中では意味を持つからである。つまり上に掲げた乗り物の例のごとく、逆行しているように見えることがあるとしても、実際には常に順行状態であるという答えが存在する。ミンコフスキー時空の中では、矛盾はないという感覚のみ暗に主張され、しかし逆行は事実であることになってしまう。むしろ、順行も逆行もともに事実であると認めたがっているように見受けられることさえある。

光が或る場所から別の場所へ移動する同じ経路を、別の光は逆向きにたどることができる。だとしても、それは同じ光ではない。ここに可逆性があるかのように論じてはいけないのだ。ペンローズなどの意見は、経路を単純に切り取って時間的な対称性が存在するかのようにみなしているが、光を発射するまでに、たとえばレーザー装置を設置するだとか、発電所からケーブルを引くだとかの作業もあるはずで、光が逆行すると主張されるとき本来ならばその部分まで経路に含まれるべきなのである。その部分まで経路に含むなら、時間的対称性を持つ物理現象など宇宙に存在しない、という結論が妥当であると考えられる。可逆的な現象と思われることは、そう論じられる部分を都合よく切り取っているにすぎない。もっと広い切り取り方をすれば必ず非可逆性を持つ。宇宙に起きたすべてのことはその意味で可逆的ではありえないのだ。

ここまで述べて来ると、遠くの銀河では時間の進みが遅いはずであるということとの類似性が明らかになる。つまり、地球外のある視点から私がレーザー光を操る様子がフィルムの逆回しのように見えることが仮にあるとしても、私自身には全くその感覚はない。感覚はないが実は時間が逆転しているはずだと主張するのはナンセンスだと思われる。

ポアンカレ運動とは、無限大を超える速度が存在し得る場合に、情報を過去に送り届けることが可能になるという理屈だ。無限大を超える速度はあり得ないと、私たちは直観的に思う。それはニュートン力学を採用するからでは、必ずしもない。そもそも無限大の速度すらあり得ないと思われるのだ。

ところが相対論では光速度を「名目上の」無限大として処理するので、それを超える速度が考察の対象になりうるのだ。もちろんこの点でも、当たり前の感覚では「光速度は無限大ではない」ということになるはずだが。

ふしぎなことに、カントールの提唱する実無限の集合論と、相対論の名目上の無限大とがここで重なって見えてくる。実無限と、それに反対を唱える可能無限との立場は何かというに、手の上で自在に無限の観念を扱い、それが計算可能な定数にすぎず、あまつさえその外に出てこれをながめることができるかのような立場をとるのが実無限であり、決して到達可能ではなく、計算の対象ともなり得ないという主張が可能無限ということになるだろうか。

現実世界において、無限大であるところの何かには到達しえない。無限とは可能性にとどまるという意味で、それは可能無限でしかありえないのだ。もちろんビッグバンやブラックホールを信じる側からするとこれが暴論になることは承知している。無限大の速度と私たちが言うとき、同時というものを無理やり到達速度の側から解釈することによるのであって、速度よりも時間のほうが根本的な観念であるからそもそも時間が速度を基礎づけるのであり、逆はあり得ないと思う。したがってここで無限大とは、概念空間のみで使用しているのであり、現実的である必要はないというニュアンス込みで言っている。

実無限集合論の根拠である無限小数には、はっきり定義できるもの（√で表現する数や円周率など）と、はっきり定義できない、無限小数としか呼びようのない、正体不明の実数があるが、同じものとして扱われる。後者は有理数であるか無理数であるかさえ定かではなく、量も確定できず、計算もできない。要するに、実無限が正しいと主張するためにのみ作られた、対角線論法という場だけに現れる架空の数字に過ぎない。無限の濃度の違いは、無限の性質を表現しているのかということは、多少の疑問を残す。

カントールの集合論も相対論も、無限大よりも大きな量を想定し、無限大の量があたかも部分的な量のごとくであるかのように語る。つまり無限とは名目上のことになる。だからそれを超える何かが想定できてしまう。これは矛盾などと言うしゃれたものでは全くなくて、単に言葉（数学的操作）によるごまかしではないだろうか。


次に、私にはより重要だと思われるけれど、さらに哲学的であるため納得しがたい人が多いであろう論点を考える。何らかの形での過去への行き来を可能にするのは、ペンローズ言うところの同時的空間の傾きということになる。要するに時間と空間の歪みのことだ。矛盾含みであるはずの概念でも、場合に応じて2通りの表現が与えられ、それぞれがその属するカテゴリ内ではある程度の妥当性を持つとき、深く追及されることなく納得できてしまう。相対論には、わざとかどうか知らないが、そのような例があまりにも多いようだ。ポアンカレ運動の主張は、恐ろしく遠くにある星、たとえばかみのけ座銀河団の1惑星から地球へ向けて使節が派遣されたとして、Aにとっての同時的空間はその使節団が出発前の状態であっても、Bにとっては出発後のことかもしれない、ということを導くことができる。もしもここで時空の構造がAにもBにも正当に主張できる形で歪んでいるのだとするなら、並行宇宙論を採用しているか、視点の切り替えでたちどころにはるかかなたまで影響を与えるような不可思議な方法で歪みが実現されるのかでなければならない。

おそらくここで並行宇宙論という強い抵抗感を持つ表現を使ったがゆえに即座に否定したくなるだろうが、Aから見た場合とBから見た場合に宇宙自体は全く別の歪み方をしており、それがどちらも成立するということは、単に、「そのものに対するいろいろな見方がある」と言うか「世界が全く別の構造として存在している」と言うかの2択になる。しかし相対論が、前者が意味すること以上の深刻なニュアンスを持たせたがっていることは間違いないのである。したがって、相対論では、心理的に抵抗のない表現で多元宇宙論を支持している、と結論するべきなのだ。おそらく、両者の間に、なにか節合的な理屈があり得ると思う人もいるだろう。しかしそれが「心理的に抵抗のない表現」の内実であって、要するに追及をせずに棚上げにしておくというだけのことだ。

時空がまがると言うとき、そのまがった中にあるものは、実際に物理的な影響を受けているのでなければならない。AとBのすれ違いがかなり極端な速度で実行された場合、かみのけ座銀河団の受ける時空の歪みの事実も、かなり違うものになる。この場合、歪みの実情を後から確認して「あれはこうこうであった」とする情報論の形を、相対論は求めていないはずだった。すなわちAとBがすれ違った時点で、すでにかみのけ座銀河団の時空は各自に対して歪んでいることが、この理論の主張だ。もし地球と銀河団との中間に大きな天体があったとして、この天体は遠く離れた場所の高々数十キログラムの物体のことなど全く関知しないだろうが（笑ってしまうほど微弱な重力の影響はあるかもしれない）、それでもABがかみのけ座銀河団に注目したおかげで、大いに時空の歪みの犠牲になる羽目になるのである。

また、物体どうしの関係は近ければ強く、遠ければ弱くなるが、大変奇妙なことに、空間の歪みは遠いほど大きくなる。いろいろ反論したくなるだろうが、時空が歪むとは、そういうことではないだろうか。曲率kの空間があるということは、ある物体が曲率kの軌道を描いて移動するということとは違い、あらかじめ歪んだものとして物体が来るのを待ち構えているということだ。これを否定したくなるなら、なぜ「ある物体が曲率kの軌道を描いて移動する」という表現を使わないのか。それはもちろん空間の歪みというイメージが何かを説明しているような気がするからなのだ。しかし空間の歪みがあらかじめ物体の到着を待っているとすることはできない。相対論に従う限り、そのように無限大の速さを持つ物理的な力を考えることはできないからである。だからと言って、移動する物体がある領域に到達したとき、初めてその領域の歪みが開示されるということであれば、もはやそれを時空の歪みと呼ぶ必要はない。物体がそういう軌道を描く、と言えばよいのだ。

8　光時計という空想

ここまでの要旨は通常の時間概念における過去、未来と、相対論による過去未来との間に食い違いがあり、相対論の側こそが実はその違いをうまく把握できていないということだった。相対論の時間概念は本当のところ通常の時間感覚に全く依拠しきっており、せっかく独自の定義を与えながらそれを守ることができていない。従って通常感覚の時間と相対論的時間との違いを見逃している。

ここでもう一度出発点でのパラドックスを確認しておきたい。高速で動くものはその外で静観する私たちに比べて時間の進みが遅く、進行方向に対して長さが縮み、かつ質量が増す。これを相対論の相互的であるべきという要請に従って考えるなら、その高速で動く側から見るとき私たちのほうが時間の進みが遅くなり進行方向に縮み、重くなるということになる。そして主流の科学者の意見では、私たちに時間の遅れその他の自覚がないのは、たとえば単に主観的な見方にすぎないからということになるのだろうか。つまり事実がもともと矛盾含みのものだから、それに文句をつけるよりも自然の不思議に讃嘆しておけということになり、じっさいに科学者は相対論の不思議な帰結を手放しで宇宙そのものの神秘としてきた。

ここまであからさまなパラドックスを内包した理論は、間違っている、とすることがもちろん最良の選択だろうが、奇妙なことに科学者はこれをかたくなに拒否する。では、このパラドックスに対し納得のゆく回答を与えるのでなければならない。たとえば速度によって質量の増減があるとして、銀河系に対して光速度以上の相対速度を持つ、いわゆる時空の地平線外の領域が存在する以上は、そこの住人からすると私たちこそが光を超える速度で遠ざかっているわけなので、この地球ですら無限大の質量をもたねばならず、したがって私たちはブラックホールの内部に生活しているとしても間違いはないはずである。なぜそうなっていないのか。自覚がないだけと言って済ませられることなのか。もしこれを空間の広がりと内容の移動速度とは別物だとして回避できたとしても、一般相対性理論の提唱する等価原理、すなわち重力と空間の加速度とは完全に同一視できるものであるとする考えを援用するなら、現実に存在するとされるブラックホールたとえば白鳥座xは加速度状態にあるわけだ。そうなるとしそのブラックホールから見た場合、わが地球が逆の加速度状態に置かれるのでなければならないはずだろう。つまりいずれにしても現実にブラックホールがどこかに存在しうるなら地球がブラックホールでなければならない。そういう奇妙な結論を導くことができる。だがその特異点はどこにあるのだろう。白鳥座xから見た場合は、宇宙のすべてが特異点ということが結論なのかもしれない。

この言い分をおそらく多くの人は奇妙な思い付きと切り捨てるのだろうが、もちろんそれは回答にならない。もしかしたら誰かが答えを出しているのかもしれないが、私は未聞だ。宇宙全体がブラックホールの内部にあり、実際に現在は内部に崩壊しつつある過程である、という本を見たことはあるが、どの程度に信じられているのか、心もとないところだ。そのほか、ありていに言って、疑問を感じる者が科学に無知であるとするか、自然とはそういう不思議なものだと開き直るか、どちらかの回答しか提出されてこなかったと思う。多くの人がこれで納得できているらしいのはいくらなんでも異様なことではないだろうか。

では逆に考えてみよう。なぜこのパラドックスに答えるべき真実があると私たちは思わされるのか、つまりなぜここまであからさまなパラドックスを内包した理論を即座に切り捨てないのか（私たちは、という主語は偽善に映る。なぜなら、私はこの理論を信じないから。しかし説明すべき何かがあるとは感じる）。また哲学的な、というより心理的な物言いになるが、私の考えではこれは純粋に理論上の出来事であるがゆえに回答が可能なはずであり、納得できる見方が今まで出されないからこそ答えられるべきであると感じるのだ。つまり単なるパズルなのである。パズルであるなら、もし回答が存在しない場合に作者のミスであるという究極の回答も含めて、必ず解ける。もし納得できる解決、その最悪の場合でもなぜ作者はミスしたのかという疑問への回答が存在するなら、その時こそこれを受け入れるか捨て去るかの判断が可能になるはずなのだ。

時間論だけに的を絞るなら、相対論のもたらす矛盾はいわゆるウラシマ効果と双子のパラドックスに典型的に表れる。ウラシマ効果とは、その言葉通り、浦島太郎の昔話を相対論によって再現することだ。20歳の双子がいて、弟は地上に残り、兄が地球の時計換算で10年がかりの宇宙旅行に出かけたとする。再会の折、たとえば弟は30で兄は25である、という状況がありうるとするのが、相対論の言い分だった。年齢がこのような数値になるものかどうかはともかく、これはすでに常識的な見方の一部であるとされる。要点は、地球にとどまる弟は、移動する兄より必ず早く年を取るということだ。これを可能にする考え方は相対論が時間の歪みを肯定するという解釈から来ている。

もし本当ならデカルトの空間座標が3次元的に描かれるべきであるように、ミンコフスキー座標も4次元のものとして描かれるはずなのだが、極端に省略して平面にしたミンコフスキー座標を使うことが多い。科学の解説書などに出てくる図は多少立体的に見えるような描き方をしている（たとえば光の軌跡は漏斗《ろうと》状になっている）ことも多いが、いずれにせよ正確に描くことは不可能なのだから、ごまかしと言えばごまかしだろう。なぜなら3次元のデカルト座標はもし立体透視で描くならほぼ事実通りになる。つまり2次元のデカルト座標は現実の断片そのものだが、ミンコフスキーのそれは断じてそうではない。ミンコフスキー座標を、たとえば無数の立体図を用意して、時間を追ってぱらぱら漫画のように見せることにしても事実の通りになることはないのだから。

2つの座標図の、何が一番違うのか。3次元空間のデカルト座標において、任意の1点Pまでの原点からの距離をSとすると、それは$S^2=x^2+y^2+z^2$を解くことで与えられる、単純な空間的へだたりを表す。ミンコフスキー幾何学では同じく任意の1点Pまでの距離は$S^2=x^2+y^2+z^2-c^2t^2$と書かれ、これは原点からPに至るまでに要する時間であるとされる。

混乱を招くだけなのであまり寄り道はしたくないのだが、ミンコフスキー図の解釈において、学者の言い分に相当譲歩した形を取らなければ先に進めないことをまず確認しておくべきだろう。任意の点というのは、先に書いた通り、場所を指すわけではなくある事件を示す。とすると、本当のところある時間的幅を持って運動状態にあるものしかこの図の中に描けないことになる。上図左がかなり省略した形ではあるが基本形で、右は時刻t1に宇宙船が地球を後にして、それがaの距離にまで達したとき、

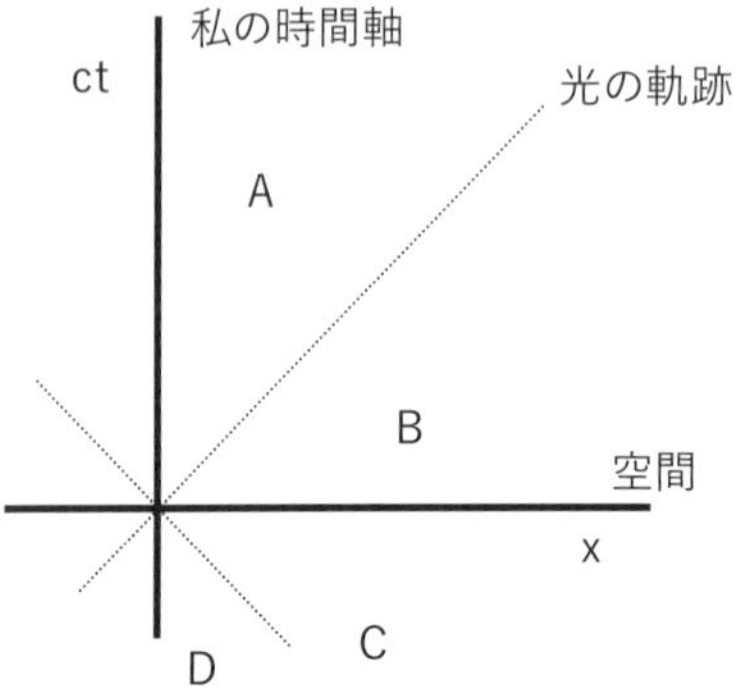

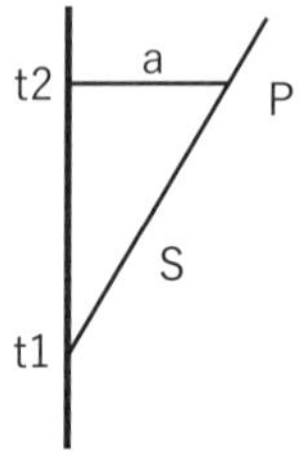

地球にいる私にとって$t2-t1$の時間が経過していることを示す。ところで、先のミンコフスキー方程式をここで使いたい場合、この図ではyとzが省略されているので、$S^2=x-c^2t^2$と考え（xの値がaであり、ctが$t2=t1$である）、さらに置き換えて$x^2-S^2=c^2t^2$とすると、いずれの項も正であるので、$t2-t1$は常にSより大きい、すなわち地球に残った私の時間経過は、宇宙船のそれよりも大きい値になることがわかる。これは引かれた線分の見た目とは逆の関係であり、つまり長い線分ほど短い時間を示すので、なかなか合点のゆかないことだ。なぜそうなるかということについて、学者が正確な説明を提供したことはなかったと思う。なぜなら彼らも理由がわかってないからだ。なぜわかってないと決めつけることができるのか。それは前ページ左図のA領域に、過去に起きた様々の事象を描きこむことが可能だと彼らが考えていることから

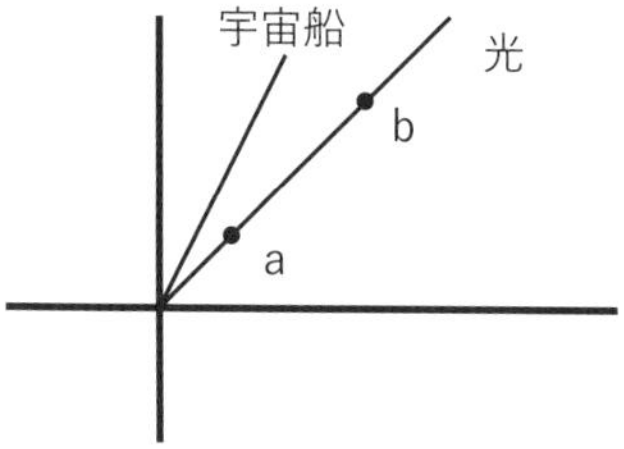

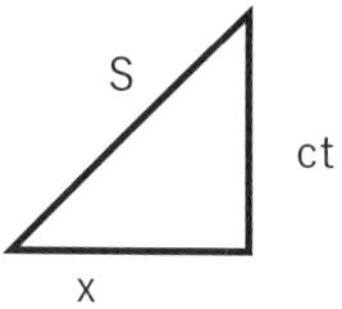

察せられるのだ。いくつかの宇宙論の書物を参照してもらえばこのことが裏付けられるだろう。

極めて単純な錯覚がある。それは、光の時間は0であるとされていることに起因する。

上図において光の場合aからbへ至る間の時間経過はないものとみなされる。これは今まで繰り返してきた通りのことだ。上の右図を見ればすぐにわかるように、ここで使われるパラメータの組み合わせは光の軌跡を斜辺とする直角2等辺3角形になるのだからctとxは等しい。これを2乗してピタゴラスの定理のように足し算するならともかく、引き算をする（$S^2=x^2-c^2t^2$）のだからS（要するに左図aからbまで）はいつでも0になるに決まっているのだ。このような帰結を十分に想像してミンコフスキーの式が作られているのだろうか。どちらかと言うと、式だけが作られ、機械的に運用してみたら光が無時間になってしまったというのが本当のところだと思われる。もちろん原点にいる私が光を放つなら（左図）それは一定時間後にaに到達し、そののちbに到着するだろう。それは縦軸の私の時間としては勘案されるが、光はその時間の流れに取り込まれない。このこと自体の理不尽さはすでにふれたので、とりあえずそういう世界観もありうるとしておこう。おそらく光は運動するものとしてではなく、世界の境界面としてぼんやりと捉えられているのだ。

しかしたとえば木星と火星に偶然同時に彗星が衝突したする。これを観測する私はまず火星の光景を見ることになる。彗星の火星との衝突はその時過去に開かれた光円錐の上にあり、木星への衝突は光円錐の外にある。しばらく経過して木星への衝突を見るとき、今度はこちらが光円錐上の出来事であると認識される。火星への衝突は光円錐の内部での出来事になるだろう。つまり宇宙の出来事のすべては、1度は光円錐上に、すなわち時間のない世界におかれる。時間のない世界におかれたのに、何ゆえ次の瞬間時間の中に巻き込まれるのか。私が時間に巻き込まれるから、ということは回答にならない。火星も木星も彗星も、私と同様に時間に巻き込まれているからだ。そもそも時間のない世界のコンテンツが刻々総入れ替え状態になるという事態が理解しがたいものになっている。それは要するにすべてが時間通りに動いているということではないか？

事実がどうあるか、ではなく、こう見ることも可能だ、ということがすべての科学モデルの性質である。ニュートン力学において空間把握だけを取り上げるならそれは現実に対し矛盾を含むものでしかありえない。時間のない世界を想定しているからそれも自明のことではないか。空間把握に時間の要素を加えて、初めて現実との整合性を取ることができる。ならば、ミンコフスキー空間のあるべき処理も明らかであって、無時間的とされる光円錐上の出来事も実は時間に巻き込まれる、とすることで現実との比較が可能になるのである。ただ私はそれがいかなる数学的な形になるのか想像できないし、根本的な矛盾を含むものでしかないと思っている。つまりここには時間の因子がすでに含まれているので、光円錐が無時間的世界であることを補うためにさらに時間の因子を加えると、時間そのものが立体でなければならないことになるのだ。

ここまでのミンコフスキー座標図に対する私の説明は腹立たしいほど意味不明に違いないだろう。方程式自体が現実に対応していないから直観的にとらえられない、と私なら結論するが、科学者の多くは科学的認識のほとんどは直感的に理解できないものだと言うだろう。では、もう少しわかりやすい例を引こう。これもまた相対論の解説書ではよく取り上げられ、かつ直感的に把握することを目的にしたものだからわかりやすいはずだ。

パッケージ内部の上下の太線は向かい合わせに固定した鏡である。図の下方から発

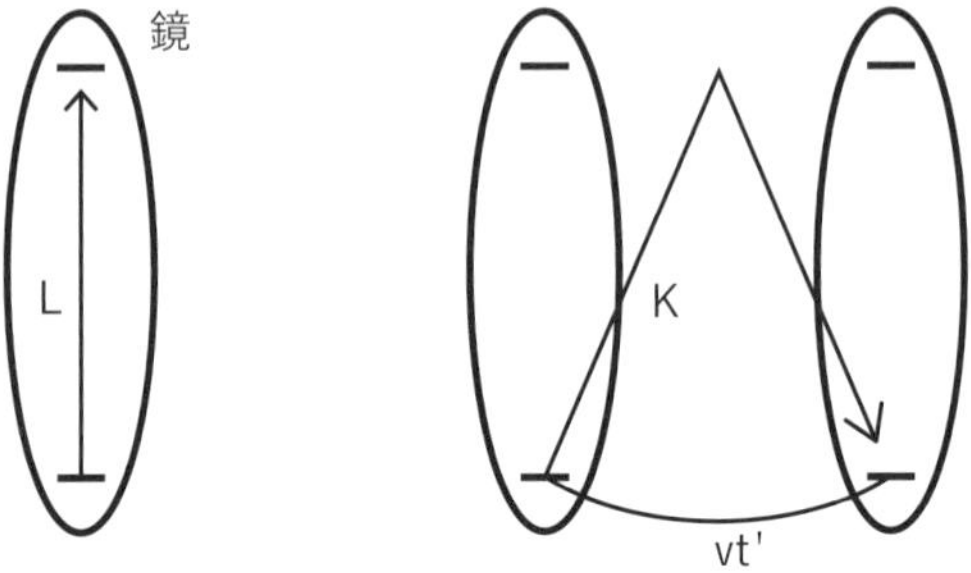

した光が上の鏡に反射してもう1度下に戻るまでを振り子の1往復とみなし、静止状態の光時計で時間単位のtとする。鏡の隔たりをLとするとこの時計の1単位は$t=2L/c$となる。次にこの時計を右にでも左でもよいから移動させる。光の軌跡を斜辺Kとするとその長さはピタゴラスの定理で$K^2=L^2+(vt'/2)^2$であり、これでこの状態における振り子の1単位をもとめると$t'=t/\sqrt{(1-v^2/c^2)}$となる。このtとt'はそれぞれ静止した時計、運動中の時計の1単位なので、静止した時計の刻みのほうが速いという事実はミンコフスキー方程式と変わりないものになるだろう。その割合は$\sqrt{(1-v^2/c^2)}:1$であり、もちろんローレンツ変換が長さの変化を求める式そのままとなる。

　光時計を左右の方向に動かしてわかりやすく示したことが、上下左右、さらに斜めの方向へ動かした場合でも成立するということをミンコフスキーの座標と計算式は述べていると考えると全体をつかみやすいだろう。光時計の場合で言うなら、3角形の斜辺に相当するKはいつだってLよりは長くなるのだから、もし光速度が一定であるなら光がその距離を往復するのに必要な時間は増えるはずだ。つまり時間の刻みは間延びする。光時計の移動速度が増すにつれ、3角形は横に伸びてひしゃげた形になる。移動速度が光速度に達すると、振り子の代わりである光は速度の成分をすべてその方向に奪われ、斜めに飛ぶことができない。すなわちこの時計は時間を刻まなくなる。

光時計はミンコフスキー空間の仕組みを素人にも把握できるようにファインマンという物理学者が考案したものだ。たしかにこれで理解できたと感じるかもしれない。だが何かしらの引っ掛かりも残る。停止状態の光時計は対面の鏡に向かって直角に光を放っているが、もしこれをスライドさせた場合、右図のように斜めの軌跡として見えるものなのか。また、光時計を上下の方向に動かした時、本当に向かいの鏡に到達するまでの時間は、どちらの鏡から出発した場合でも等しく遅れるのか。

光時計のことで、一応の説明を付加しておく必要がある。進行方向に直角の向きに光を飛ばしたとして、光は斜めに行くわけではないという意見があり、行くという意見もある。ここは、有名なマイケルソン・モーリーの実験の評価、あるいはブラッドリーの光行差現象の解釈を含め、かなりかまびすしい意見のやり取りが交わされた。

もちろん相対論に賛成の人なら当然斜めに飛ぶことを支持する。

しかしこの場合の斜めに飛ぶとは実際にどういう意味なのか。光時計考案者の意図では「光時計という独立した運動系の空間内のことであるから、その空間の移動に沿った動きをしている」ということになるのだろう。

しかし現実の現象として考えた場合、光を数学的な直線として発射することはできない。日常的な光源を考えた場合には四方八方へ拡散してゆく状況を簡単に想像できる。それならば直角にも行くし、斜めにも行くことになる。もし光をピンホールで絞ったとしても、もちろん幅はある。

奇妙なことに、レーザー光のほうがはっきりと進行方向に傾いた、斜めの飛び方をするという報告がある。レーザーとは、とても非科学的なたとえで言うなら、でたらめな動きをするたくさんの球状のものを細い筒に流し込んでやって、球はあっちこっちぶつかり合いながら結局は1方向の流れとして出てくるような仕組みだ。この筒を横向きに動かすなら、中の球のぶつかり合いに何らかの影響があるだろうことは理解できる。したがってレーザー光が、装置の進行方向に沿った斜めの飛び方をすることもあり得るだろう。

反相対論の側はおおむね、進行方向へ傾いた光の飛び方を認めない。だから斜めにも飛ぶことを持って、相対論支持者は「やはり相対論が正しかった」と言う。しかしそうだろうか。レーザー光の場合には装置の人工的な作りが斜めの光を生むのであり、相対論とは何の関係もない。そしてそれ以外の光の場合、むしろ相対論は否定されたと考えることもできてしまう（もちろんこの段階でそこまで言ってしまうと、また論じすぎになるが）。なぜなら、もう一度光時計の前提を考えてもらいたいが、向かい合わせの鏡に囲まれた空間が運動系という異空間であるから、そこを実はまっすぐ飛ぶものとして想定される光が、空間外からは斜めに飛んだように見えるという設定なのだ。しかしここで持ち出される光の軌跡は、レーザー光含め、ことごとく外と一体となったオープンな空間内の出来事となっている。では、それは相対論の効果を証明するものではないだろう。

反相対論が「光は斜めに行かない」と言うとき、それは空間の移動による光の変化はない、という原理論を指摘するのであって、現実の、いわば不確定の部分が演出する光の軌跡の変化を言うのではないのだ。混同してはならない。

そして大事なことは、斜めに飛ぶかどうかではなく、斜めに飛んだ光とまっすぐの光の時間的長短のはずではなかったか。

つまり、次ページの図において、下から発せられた光Lが、向かい側の鏡に当たるはずのところ全体が速度vを持って右に移動しているので、「相対論効果によって」Kの軌跡を描くことになってしまったのか、あるいは最初から移動後の鏡めがけて飛んでいた光だったのかは関係なく、時間の1と刻みとしてK=Lとなるかどうかということではなかったか。

そしてもう1つ、これは特に書いておかねばならないことだが、エレベータの思考実験において、無重力空間内を引っ張り上げる箱の内部で、床に平行に打ち出される光は下向きに曲がっているかのように見えるとアインシュタインが言っているのだ。すなわち、光はエレベータの動きにしたがって斜めに行くのではなく、全く外からの視点で直線的に飛ぶと彼は言っており、それを相対論の基礎としているわけである。つまり光時計の振り子は、進行方向に沿って斜めに飛ぶことはない。それがアインシュタインの意見である。するとこの全体は、あまりにもご都合主義すぎると言うべきではないか。

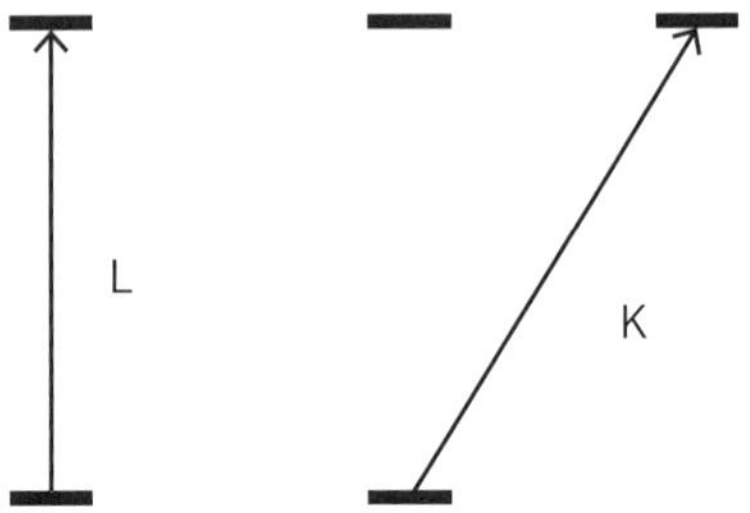

相対論の側は重大な錯誤を犯していることになる。つまり、相対論の主張する「光がちゃんと斜めに飛ぶ事象」はすべてオープンな空間の事例を出してしまっている。ならばK=Lが成立するということは、速度の違う2つの光を私たちは目撃しているということになり、それを相対論の側から言い出してしまったことになるのではない

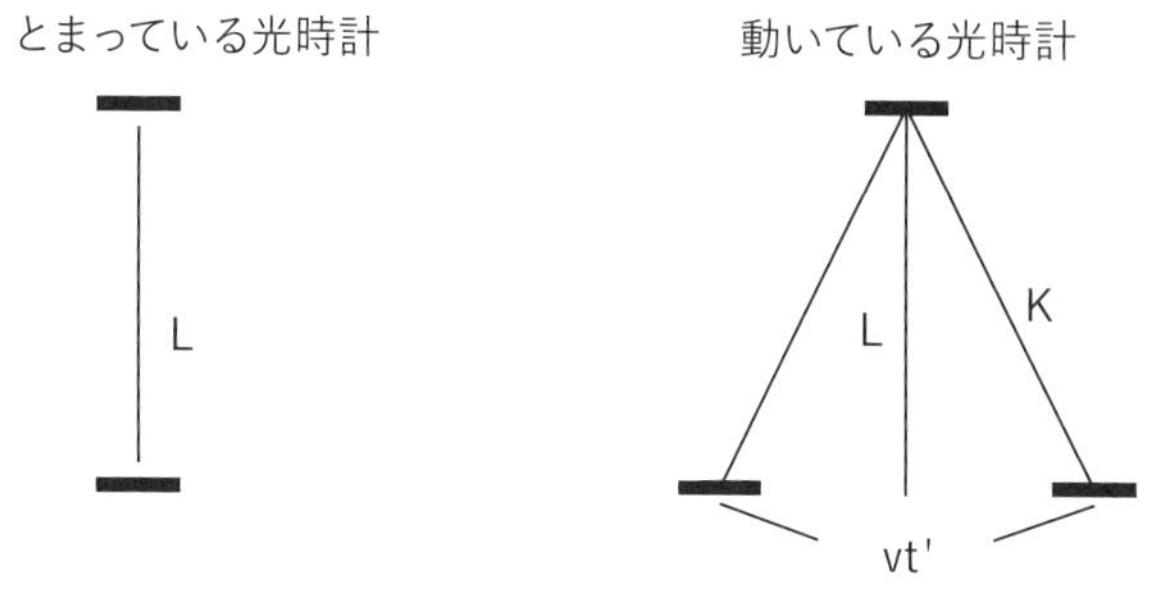

か。

とりあえずこちら側の主張を述べておきたい。光時計の図は光に慣性の法則が働くかのような描き方をしている。あるいは目の前をよぎる電車の窓から明かりがこぼれており、それを目で追うときの印象でとらえられている。しかし私が見る窓の明かりはまっすぐ私に向かってきたものであり、横向きに飛んだ光を見ているのではない。電車が左から右へ滑ってゆくとき、視界の左右で同じ光源を見ているのであっても、とらえた光は違うものだ。つまり左図の鏡時計をかなりの速さで動かしてやったなら、光が反対側に到達するころ、その場に鏡はすでにないだろう。移動後の鏡に当たる光は、最初からその方向を目指していた斜めの光である、と考えることが正しいように思われ、それならば長い距離を移動する分だけ時間がかかる、と考えることが妥当ではないか。しかし相対論に批判的な側がこだわるこの点について、私はそれほど重要視するべきではないという気がしている。直進するはずが斜めに飛ぶ、という理屈が相対論なのだから、その点をいくら言いつのっても聞く耳は持たないはずではないか。

むしろこの時計を（図で言うと）上下の方向に動かすとき、時の刻みは一定ではありえない、ということを考えてみるべきかもしれない。左図において、自分が時計の下方にいて遠ざかるところを眺める形とすると、光は遠ざかる動きと近づく動きの繰り返しになる。この際に光が一定の速度に見えるためには、光の往復の動きに伴って時計本体が伸縮、もしくは速度の緩急を繰り返すことになるだろう。時計と光がともに遠ざかるとき、鏡は逃げる形になるので、光はより長い距離を飛んで向こう側に着くことになり、もしこの時計と一緒に移動する人があれば時間の進みは遅くなる。光がこちらに来るとき鏡は迎える形であり、短い移動で済むはずなので時間の進みは早まるだろう。第三者の立場の私と時計とともに移動する人の、どちらの視点でも光速度一定の条件を満たし、かつ時計が安定しているための唯一の条件は、それが静止しているとき以外にはないことになる。

光がジグザグに飛ぶ形で動いている合わせ鏡の時計の場合、時計の内部と外部からの視点で時間のずれ具合は常に一定であり､私たちをだますのに都合の良い形だった。しかしこちらは不安定極まりないどころか、時計の内外での視点の違いは光の移動距離を変化させない。ジグザグ型に飛ぶ場合と同様の間延びを与えようと思うなら、時計が進行方向へ動く速度を光の速度に上乗せしてやればよいのだが、もちろんこれは相対論が禁じていることだ。

光時計とは向かい合わせの鏡のあいだを往復する光を振り子代わりにした時計だった。例えば列車の天井と床を鏡張りにし、床から発した光が天井に当たって再度床に戻る1工程を単位時間とするようなものだ。相対論の主張ではこの列車が止まった状態でも、走っている状態でも、光の往復する時間は変わりない。走っているとき線路わきでこれを見る人には光がジグザグに飛んでいるので、明らかに光が飛ぶ距離は増えるはずだが、かかる時間は同じである、とされる。

ところでこの時のジグザグの軌跡は、列車の中で毬つきをする場合の毬の軌跡そのままであることに気づく。静止状態の地面と同様にボールを使って遊べるのは、言うまでもなく列車の移動がボールに進行方向（この場合には横向き）の力を与えているからだ。列車内で進行方向に沿ったキャッチボールが可能であるのも同様の理屈だが、こちらは時計を上方向へ移動させることに対応する。光時計が考案者のもくろみ通りに時を刻むという根拠は、この日常的体験を漫然と反映しているだけのことではないだろうか。どの方向への移動にせよ、時計自体の移動速度を光の移動速度に足し合わせることでのみ、まともに作動するという結果が成立するのだから。

だがこれは光時計の意図と微妙に違っている。光時計の場合には、上の例でいえば列車内が完全な独立空間であり、外からの力を全く遮断するから、その空間の移動に沿って光も斜めに飛ぶという設定になっているわけだ。しかし光時計として出される説明は、この例に従うなら常に等速で直進する列車をモデルにしている。それでよいのだろうか。たとえば、等速で直進中の列車の中でのキャッチボールはスムーズにこなせるだろうが、加速中にはそうはいかない。曲がるときもだ。ボールは列車に取り残される方向へ曲がる。

光時計は曲がりなりにも時計なのだ。静止中と等速直進運動の下でのみ、一定の刻み方をするなどというポンコツな代物であってよいはずがない。ここで相対論側の言い分は、光は空間の移動によって、それに沿った進路を取っているのだから、キャッチボールのボールとは別の理論になるということだろう。だが物で囲った内部が物理的な意味で別空間にはなり得ないことは現実問題としてあまりにも明瞭である。そのことは再三述べた。

静止中のモデルならいざ知らず、移動中の光時計は、正確なモデルを作ることが不可能なのだと思う。そのことは相対論支持者の側もうすうす気づいているらしく、いくつかの案をネットや書籍で見かけた。その中には風変わりなもの、たとえば完全な球体の内部を鏡にしてその中心にセンサーを置く（江戸川乱歩の「鏡地獄」かよ、と思ってしまった）、等々もあったが、加速や方向転換などといった不意の状況変化をうまく解決できるものは見つからなかった。大雑把にまとめると、どのモデルでも往路復路ともに光速度一定の条件を満たすために、光をベクトルではなく単なる変数とみなす。ファインマンの出した元の案がまさにそういうものだった。単なる変数とみなす簡単な方法は往復を個別に考えずに、1プロセスとみなして平均をとってしまうこと、もしくは振動数に置き換えてしまうことである。要するに、空間においてみた場合の思考を放棄して、単純な式のみで考えようとする。

光時計は素人向けにわかりやすく概念化したものであるから時空の現実を反映できていない、とするのも1つの考え方だろう。これだと、ミンコフスキーの、より抽象的な形が正解であることになる。もし時間の遅れがあるなら、どの方向に動かそうと光はゆっくり進むはずなので、現実的で直観による把握が可能なモデルの提示が必要であると私は思うが、そうではないと言う人がいることは理解する。ただ、ミンコフスキーの方程式と座標は、実は4次元時空の多様性を表現できておらず、現実の光時計が方向に対して全く無関心であることと同様の誤りが潜んでいるとしたらどうだろう。ミンコフスキー方程式はどの方向へ進ませたときでも正常に作動するかのように記述される光時計の考え方で組み立てた数式（ローレンツ変換のあれ）を、全方向で通用するものとして書き換えただけのものであり、いわば数学上のトリックにすぎないのではないだろうか。

9　ミンコフスキー座標の総括

繰り返しになるが、ミンコフスキー座標上では任意の点はデカルト座標と同じ意味を持たない。意味を持たないと言うのは、デカルト座標では指定された点は「位置」であり、点どうしを結んだ線分は位置の関係であって、点を独立したものとして論じることができるが、ミンコフスキー座標で現実に対応する意味を持つのは原点から引かれた線分のみであり、したがってct軸やx軸もそれだけを取れば有意味でありえるが、その他のことは数学的な意味を持たない模様にすぎない、ということだ。一見意味がありそうに見えるが事実と対応していない、という点は、光時計が一定の方向に、一定の速度で動かすときのみ機能することを反映すると思えばよい。

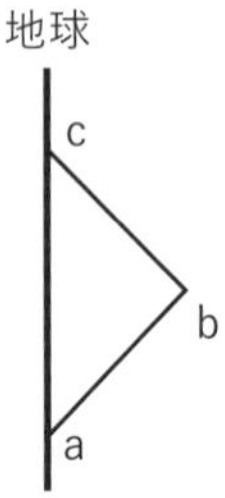

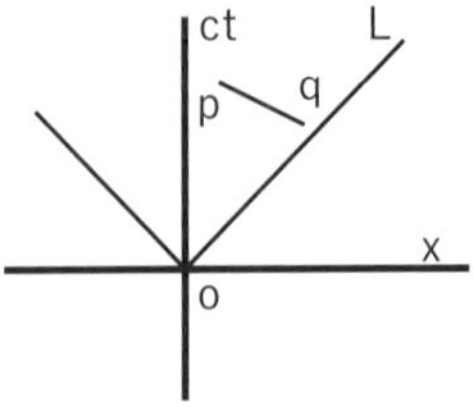

右図でpやqに原点から線を引くなら意味を

持つ。しかし独立では意味を持つことはできないし、線分$\overline{pq}$も無意味である。すなわち何らかの量を表現することはできない。もちろんct軸は自分自身の世界線であり、そこで起こる出来事は他者からの視線を必要とすることなく一様に決まるので、任意の点を選ぶことができる。つまり私が生涯のいずれかの時点でとある出来事に出合い、1週間後に別の出来事に出合うなら、この時間の隔たりと順番は、原点からの視線なのでそのままの意味を持ちうる。本当はミンコフスキー座標の中では「私の生涯のどの時点から評価しても変化しない」という意味になってしまっているが、そこは今のところ問わないことにしよう。しかしpやqはそうではなく、隔たりの長さどころか順番さえ変わりうるのだ。私がある人と路上ですれ違い、この時アンドロメダ大星雲に2人とも目をやるとして、各々の目撃する星雲の姿は数週間規模の時差があるかもしれないと、ペンローズその他がこのことを力説している。つまりこれは相対論の公式的な世界観なのだ。図に描きいれることは確定した位置を与えるということだが、実際にはそれがあり得ないということが、相対論の主張なのである。

　もちろん原点が設定されているのだから1つの視点のもとにまとめられているかのようにみえ、私の言い分は極論に響くだろう。しかし光時計と同様と先に書いたような、方向に対する敏感性がこの座標にも存在する。

　右は簡略すぎるがウラシマ効果を表現しており、特に注釈がない場合でもミンコフスキー座標上に描かれているという含意がある。線分$\overline{ab}$、$\overline{bc}$は準光速の宇宙船が地球を離れ、また戻ってくることを示す。この時往路$\overline{ab}$をミンコフスキーの流儀で理解するなら、その解釈を帰路に当てはめることはできない。ただしcを原点として改めて設定し、私に向かう世界線として描きなおすことならば可能だ。言うまでもないことだが私から出て行く世界線と過去から私に向かう世界線は全く違う性質を持つ。私の勝手な解釈でこういうのではなく、それが相対論の主張なのだ。それはすなわち線分$\overline{cb}$を線分$\overline{ab}$の延長として扱ってはならないということである。

私の世界線すなわちct軸はいかなる外からの視点をも入れる余地はない。外からの視点を入れるということは無限の多様性を容認するということであり、無意味であって、これは以前に1万隻の宇宙船の例で示したことに準じている。すなわち1万隻の宇宙船がそれぞれの速度でばらばらに散って行ったとすると、私が乗った宇宙船の時間の進み方は、宇宙船ごとによって違って見えるはずなのだから、1万通りの時間が同時に進行していることになる。それは科学として成立しないという主張である。私が参照すべき唯一の時間は、私の時間だ。これは誤解されやすい言葉だが「私の」というのは主観的な時間の流れということではなく、私の持つ時計が唯一の参照すべき時間を刻むという意味になるのである。

そしてまた、私が歩く速さを変えただけで、世界の各層の時間の進みが変化すると相対論は主張するのだから、未来の私のある時点で、私が歩いているのか飛行機に乗っているのか、あるいは宇宙船にいるのかわからない以上、ct軸の未来の地点での時間関係は不明というほかはないのだ。ただ単に、現在との関係としてその軸が存在するという意味を持つ。

だがウラシマ効果をこのような単純な図で説明するとき、往路帰路を連続的なものとして扱っている時点で、無限の多様性を考慮しないという間違いを犯していることになる。

私が地球に残る側、そして知り合いが旅立つ側として、お互い20歳のとき（a）で別れたとしよう。そして（b）で折り返した彼の帰還（c）が私の時計で10年後だとする。往路を私から出て行く世界線、帰路を私に向かう世界線、と正しく理解するなら、再会の時、私も彼も30歳なのだ。奇妙な言い方になるが、彼が外でどんな年齢の取り方をしようとも私の世界線に触れた瞬間に時間の評価はすべて私の基準で書き直される。つまりミンコフスキー座標で帰路―cbを解釈するなら、30歳の時点からさかのぼって計算する形になるのである。しかしbの視点から見ることはできない。

以上のことが科学に対する無知に起因するかのように言われてしまう可能性を含むことは否定しない。あくまで光時計と同様、現実とすり合わせたときに理論からは十分に見えてこない不具合があることを前提とした記述だからだ。数学的に忠実ではないように見えるから根本的な誤解がありそうだが、この解釈でも矛盾は生じない。むしろ、これしか解はないと言える。この考え方ではミンコフスキー座標でのすべての操作は私から見てどうあるかしか表現できないと言っている。ミンコフスキーはそれを「現実そのものである」とみなすことを要求する。その要求とはもちろんタイムパラドックスとローレンツ収縮が事実であると認めろという意味だ。

しかしそれは人間の解釈力の問題であって、例の光時計と同様にミンコフスキー座標は1方向にしか有効ではないと私は考える。相対論とはたびたび述べたように遠近法なのであって、たとえば高速で通り過ぎた球体を傍らの人は楕円形と見る（かもしれない）ということを数学化したものだ。すべての解説書の言う通り、運動する系どうしはお互いが縮んで見えるとしても、系を乗り換えて楕円形を元の球形に戻す作業が禁じられているわけではないだろう。すなわち、楕円形に見えるが本当は円である、という解が存在する。

ミンコフスキーの数式は、もちろん相対論のそれも、それ自体で閉じた理論空間を形成している。つまり、どんなに数学的に詰めて行っても矛盾はないと言ってしまえる。真に論ずべき重要な矛盾とは、論理学者が考えたがるような、ある論理式に内在するものではなく、現実と突き合わせたときに明らかになるものだからだ。つまりナンセンスに対するウィトゲンシュタインの考え方や、クリプキの真理値論の奇妙さが暗示するものの中にある。数学を含む「論理」は、その論理内容だけで外延を指定しつくすことはできない、すなわち解釈を固定することができないのである。

単純なデカルト座標であっても事実との対応性を読み取るには慣習の力と読み込み

に対する相当に深い知力、もちろん人間は楽にこなすから気づきにくいけれど、想像的知力が必要であろうとは思う。もしミンコフスキー座標での前提を知らずに読み込むなら、タイムパラドックスは生じない可能性もあるのではないだろうか？

ばかばかしい意見である、との言い分はあるだろう。しかしミンコフスキー空間での相対論の展開も、こちらから見ればばかばかしい意見なのだ。ミンコフスキー座標で学者たちはわざと間違った解釈を引き出しており、しかもそのことに自覚がないのだ、と言えないだろうか。

ミンコフスキー座標で私に向かう世界線、つまり地球に戻りつつある宇宙船は、必ず過去に開いた光円錐（つまり下に口を広げた漏斗状）の内部をたどってくるのでなければならない。したがって、どんな形であれ、私の現在に過去から追いついてくるという方向のものでしかありえない。遠ざかるということを私の時間軸からずれてゆくものとして描いた世界線は近づくときは私の時間軸に戻すという作業を要するのだ。時間軸がずれながら私の世界線に近づくという概念は相対論が下向きの光円錐で説明する動きに反する。時間軸を戻すというのは単位を一致させて差分を計算するということではなく、過去にまでさかのぼってこの時間軸の基準ですべてを語りなおすということだからだ。

たとえばある粒子が10光年向こうの星から光速の4／5の速度で飛来すると仮定するなら、時間の進みは地球の3／5とみなされ、かつこの距離は6光年である。これは相対論の公式見解通りの計算だが、シリウス（10光年よりは近いがおよそはその程度）までの距離を6光年とするような記述の本は存在しない。それは光より遅いはずの粒子が光よりも早く到着する（7・5年）ということも含めて、端的にナンセンスだからだ。ナンセンスではないとしても、地球基準の時間軸を採用するわけである。ミンコフスキーの式は時間を光に強烈に結び付けすぎて、光の性質が（時間が本来そうであるような）単純な量に対する評価となってしまい、3次元ベクトルであることを忘れている。光時計と同断なのだ。もし光をミンコフスキーの主張通りに受け入れると時間のほうが3次元ベクトルを持つことを暗々裏に認めることになり、タイムパラドックスが生じる。光のベクトル性を受け入れるなら、時間は多次元であることをやめ、単一の量となる。もちろん光がベクトルなのだ。ほかの考え方があり得るだろうか？

この考え方は単純な意味での絶対時間を支持するかに見え、気に入らないかもしれない。私は必ずしもそこまでは考えていない。遠ざかる物質の長さが縮むことも、時間の間延びも、もし視点から消えるまでを一貫して記述するなら、有効な科学でありうるかもしれない。それが物理学として使い道があるのかどうかはわからないし、少なくとも力学が含まれるべきではないとは思うが。しかしその遠ざかる物質が私の元へ戻ってくるならば、私の時間軸に従う。宇宙船が出発し、帰還するということは、どう考えても客観的世界にとって些少事であって、そんなことで世界の時間軸が変化することはありえないのだ。視点の交換による見え方、また見かけと実際のことの関係に対する要求などが2通りの座標は裏返しの関係にある。デカルト座標で見かけにすぎない時間の遅れがついには解消されるように、「ミンコフスキー座標上の現実である」時間の遅れは帰路で解消されるだろう。つまり、虚構かどうかは問題ではないのだ。私は現実ではなく思考の体系について語っているだけかもしれないが、ともかくそこにウラシマ効果は存在しない。現実にもない、すなわち光時計は機能しないと思うが、あると証明できるならそれを見てみたいものだ。簡単なこと、全方向で作動可能な光時計を作ってくれればよいのである。

最初の仮定として、光時計が作動する方向を持つことを一応受け入れてみた。これはなにを意味するのかというと、1次元の思考であるということだ。この限定的な世界の中で、相対論はいかにもうまく働きそうに見えるが、実は矛盾を引き起こす。ましてや、現実の中では矛盾すら生み出し得ない思考ということになる。すなわちナンセンスである。

10　フィジカルパラドックスがあり得ないならタイムパラドックスもあり得ない

ウラシマ効果は時間の歪みそのものを取り上げるが、双子のパラドックスは相互性を問題にする。相互性というのはタイムパラドックスに限定した話ではなく、互いに進行方向に縮んで見える、などのことも含むので、本当は全く別の文脈で語るのが正しいように思うが、あくまで時間論の形で語られることが多いようだ。

宇宙船に乗って出発するとき、もちろん地上に残る側ともども、お互い相手が遠ざかってゆくという認識を持つ。相手の時計が遅れて見えるという相互性もまともな相対論の解説書なら書いてある。まとも、と言うのは「それならば地球に残った側だけいつも余計に年を取ることになるのはおかしい」という話になるわけで、読者がその点に気づくだろうことを避けなかっただけまともであるとみておこう。ただし回答するだけの良心までは期待できないし、もちろん誰一人として正答はできないのだ。わかりきったことであると言いながら、謎をかけたまま終わる例が多いように思う。上の鍵かっこの中身が双子のパラドックスと言われるものだ。

隣り合った電車のどちらが動き始めたかが乗客にはわからないという問題、すなわち絶対的基準と相対性についての不十分な把握によってあいまいな回答をしてしまうという事実と、時間は歪むはずであるという信念の組み合わせが双子のパラドックスの構成要素である。つまり、どちらの電車が動いたかがわからないのと同じ概念的仕組みによって、どちらが年を取ったことになるのかわからないことになっている。系の切り取り方によってどちらの電車が動いたかの答えが違うものになりうるように、どちらが余計に年を取ったかの答えも系の切り取り方によって違うはずなのだ。でも、そう言われると、釈然としないのはなぜだろう。

話の大前提として、ウラシマ効果はわかれていた2人が再会するとき解消され、したがって余計に年を取るということも離れている間のみそう見えるということなのであるとすれば、ウラシマ効果を最後まで認めた上で双子のパラドックスに明快な回答があるということは何かしらの誤解が存在するということでもある。すなわち今まで私が縷々《るる》詳説してきたことを受け入れるなら、兄弟は同年齢で再会することになり、パラドックスは言葉上だけのものとなるのだ。その上で、パラドックスをかくも人々が論じたがるのはそれなりの根拠があるのだろうと推測する。もちろん時間の伸縮（日常的な感覚としてのそれではなく、あくまでニュートン的時間論の否定としての伸縮）は、相対論側としては、存在してもらわなくてはならない。その上で、本当ならばパラドックスは存在するべきではないはずだが、私のような思考法でのパラドックス解消は結局それが見かけだけのものであり実際的な伸縮ではないと言うに等しいのだから、そう言われるくらいなら論理の整合性を犠牲にしてもパラドックスが存在する方を選ぶのだろう。これは意地の悪い見方ではなく、彼らのパラドックスへの向き合い方、そしてそれを指摘する人への侮蔑的な態度を見るにつけ、ほかに理由はないと思うのだ。彼らにとってはパラドックスを内包することが理論の高尚である理由にもなるのだから。従って、とてつもなく奇妙な話だが、パラドックスが彼らの手によって誰にもわかる形で解消される見込みは全くない。だが私はそれに一歩進める形で、このあいまいな態度がパラドックスの論理的根拠の一部である可能性も考えてみるべきだと思っている。

高速ですれ違うどうしは互いを小さく認識する、ということも、実は時間の遅れと同様の構造をしており、そうであるなら双子のパラドックスに似たパズル、タイムパラドックスならぬ、言うなればフィジカルパラドックスが導き出せるはずである。なぜこちらは着目する人がいないのか。それは速度を落とすなり方向を変えるなりしてどこかで落ち合うなら、互いに元の大きさを認識し合う状態に戻ると自然に感じられるからであると思われる。つまりこの例では「遠くのものが小さく見えていた」という通常感覚での世界観が適用されているのだ。「見えていた」ならば元に戻ることに困難はない。ところが、相対論の主張の本来は「事実として小さくなる」であったはずなのだ。事実として小さくなることを受け入れたなら、パラドックスは以下のように構成できる。

「私がぼんやりと立っている。傍らをすばらしい速度で乗り物が通り過ぎる。その乗り物の中の人にとって私は進行方向に対して縮んだ存在である。相互的に、彼も事実として縮んでいる。乗り物は目的地を周回して戻り、私の傍らに停車する。中の人に会う。このとき実際に扁平な人間となっているのはいったいどちらか？」

時間の取り返しのつかなさ、すなわち過ぎた時間は取り戻せないということが双子の上に痕跡を残し続け、再会の折に比較を可能にすると人は感じる。だが、縮むということが実際に物理的なことであるなら、理解を絶する複雑なプロセスのはずであり、痕跡を残さないということがあり得るだろうか？　あり得ると言うなら、まあそれでもかまわない。だがそうなるとそれを物理的現象とはもはや呼ばないだろう。また、物理的な変化が空間の歪みの結果であり、歪みが戻れば以前の形が復活する、と考えるのであれば、時間の伸縮も同じように時間の歪みであると定義されているのであるから、歪みが戻れば元の通りの時間関係に戻ると考えるのが至当ではないだろうか。

同じ場所には戻れるが、同じ時間には戻れない、パラドックスに表現された取り返しのつかなさの違いはその反映である、という反論はどうだろう。だがこの取り返しのつかなさは相対論の理論空間の中に本当に存在するのだろうか。私はそれを通常感覚の考え方が無自覚に採用されたものであり、相対論にあってはならない要素であると見ている。

なぜなら実際の話として、同じ場所に戻ることもできないからである。宇宙の全体は常に変化している。したがって、以前と同じ場所のようで、全体との関係性から言えば文字通り同じであることはできない。

パラドックスの明快な回答、すなわち誤解のありようはいかなるものかを考えるに当たって、先に述べたところのいわゆる半分だけまともな著者の用意した答えを考えてみるのがよいかもしれない。そこに典型的な錯誤が見て取れるからだ。

仮想空間内のパズルとしての双子のパラドックスについては、答えは単純である。相対論において時間の遅れは常に光速度と物の移動速度の差から求められる。したがって、動いてさえいれば問答無用で時間の遅れが生じる。しかしそれは大変おかしな話で、もともとは動いていようが止まっていようが、どちらにとっても光は同じ速度で飛んでいるように見えるということを正当化するために時間を操作したはずなのだ。では、光に向かっているときと、光が後ろから追いかけてくるときは別の時間軸を用意するしかないだろう。もし、自分の進行方向と同じ向きに進む光に対して、自分に時間の遅れが発生すると言い得るなら、逆向きであれば時間はより速く進むのでなければつじつまが合わない。

それならば答えは単純で、地球から宇宙船が飛び立ち遠ざかってゆく際に、互いに相手の時間が遅くなると認識する代わりに、地球に帰還する際には、近づく互いの時間は早くなる。ミンコフスキー空間において、未来の部分は原点から単調に遠ざかる動きしか書き込めず、遠ざかることが時間の遅れてゆくことと一体となっていた。そして過去の部分には原点に単調に近づきつつある動きしか書き込めない。もちろん時間が早くなることと一体なのだ。

先に、仮想空間内のパズルと書いた。つまり上のことが解決でありうるためには「時間が遅れる」ではなく、「時間が遅れるように見えるだけ」である必要がある。そのうえで、遅れるように見えていたが、実際には同じ時間が流れていた、という結論になるのだ。

宇宙船が戻ってくるからパラドックスが解消されるのであって、戻ってこない場合にはどうなのか。時間の遅れは続くのではないか。そうであるならパラドックスはパラドックスとして残すべきであり、それが宇宙というものの神秘を表しているのではないか。そういう反論はあり得るのかもしれない。そこから先は多世界解釈をどう評価するかということになる。

11　時間を恣意的に扱うことが間違っている

相対論の側からのパラドックス解決例を見ておくところから話を開始したい。最も有力視されている1つは、たとえば出発時と方向転換の際の加速度の変化に注目することだ。加速度は一方的（つまり絶対的）であり、だから動いているのは宇宙船のほうであることがわかるとされる（例えば『アインシュタイン「双子のパラドックス」の終焉―「光・時間の遅れ・宇宙空間」その衝撃の考察』、千代島雅著）。この加速度をさらに微少加速度に分解し、そのたびに時計が遅くなると付け加える書物も散見される。

この意見の論拠は、地球に残る側は宇宙船発射の際の加速度を体感しないということに尽きると思う。しかしそれは単なるイメージではないだろうか。言うまでもなく宇宙船が飛び立つときの加速度は地球に残る側も体感している。加速度はこの場合でも相互的だ。ただし宇宙船対地球という桁違いの質量比率によって体感ということがほぼ無意味にされているだけだ。エネルギーを消費しながら飛ぶということで、いかにも加速度が宇宙船側のものであると感じるなら、打ち上げの際宇宙船に積んだ燃料ですべてをまかなうことにするか（それなら従来通りの感想になる）、あるいは地上の発射装置にすべてを任せ、あとは慣性だけで帰還まで完遂できるように工夫するかの違いを考えてみればよいのだ。まあ、できないのだろうが、思考実験として宇宙船が全くエネルギーを使わない状態もあり得る、という想定である。この場合は、エネルギーを消費した発射装置の据え付けられた地球が加速したのであり、宇宙船はその反作用によって反対側にはじき飛ばされたと言ってもよいわけだろう。加速度も明らかに相互的であり、エネルギーの消費を無視して、たとえばスクリーン上に描いた映像で地球と宇宙船の関係を検討してみることで十分なのだ。つまり相対論の出発点が幾何学的な発想に従っているように、単純な幾何学的処理で足りてしまう。いや、そうではなく、むしろ単純な幾何学的処理すなわち図面上のことでなければ相対論は成立しないのだ。加速度による双子のパラドックスの説明は誤解を誤解で上塗りしているという結果しか見えてこない。

　相対論を論ずる学者たちの最も陥りがちな考え方がここに表れている。つまり、物事を自分の属する系と対抗する系の2つに分けて、1対1の関係としてしか見ないことだ。

　今、2つの系に分けて、と書いたのは、少し正確に表現しすぎた。系というものを相対論の学者はそれほど明確に考えているわけではないからだ。考えているように見せかけているが、かなり漠然とした指示語にしかなっていない。等価原理の思考実験の際に、エレベータの箱内と箱外の空間を分けて考える迂闊さにそれは表れているのではないだろうか。つまり日常的感覚なら空間を分けても、独立した系を任意に想定しても、結局は正しい結論に至り得るのだが、相対論では必然的に間違う。したがって、彼らの側は日常感覚のままでの言語使用は許されないのである。

　たとえば地球を飛び立った宇宙船が仮に光速度を超えていたとして、戻ってみたら日本は昭和の時代だったという途方もない話があったとしよう。どうやら60年ほどさかのぼってしまったようだ。しかしこの場合、時間を逆にたどったのは自分なのか地球なのか。すぐには答えられないだろうし、答えるにしても、裏付ける理屈が必要だと感じるのではないだろうか。つまり時間の進み方が過去へ向かうか通常のままかの2通りあり、それを私と地球のどちらかに割り振るかの選択肢がさらにある。地球がさかのぼったと考えることは、実は宇宙全体がさかのぼったと言うに等しく、逆行したのは自分の方である、と考えるのが正しいように思える。しかし私が時間をさかのぼるとは、私が1人若返るというのが正しい表現ではないだろうか。ただし少なくともそれは「作り話ではない、事実の体感」としてはあり得ない。それはつまり世界の動きを逆回転として経験することだからである。この想定はすぐに、では普通に暮らしているこの瞬間私たちは実は逆転した時間の中にいるかもしれないのだが、それを自覚しないだけなのかもしれない、という訳のわからない反事実的仮定を呼び込むことができる。体感として時間が順行すること（これも変な表現だが）に全く意味がないことになってしまうだろう。

それではやはり、自分の体験の日常性だけは保存し、地球に戻ってみたらそこが過去の世界であったということが、唯一の納得できる解決なのだろうか。それは感情移入の可能な答えを求めているだけで、理論的な整合性とは別物であるように思える。たとえば、それはどのような経過で実現するのか。私が地球を離れる。動くのは私を乗せた宇宙船のみであって、宇宙の他の部分はすべて地球に対して静止しているとする。私は道中、40年前の姿に戻りつつある宇宙を眺め続けることになるだろう。それがどのような光景になるかはわからない。おそらく宇宙空間のことだから目に見える変化などないのだろう。しかしこんな空想の細部まで現実的である必要はなくて、人間の尺度で十分に読み取れる変化を伴って時間の流れの指標となる天体がそこかしこにあると仮定してやればよいのだ。地球に戻った瞬間、突如として40年巻き戻るのでないならば、私は旅の間中刻々と若返る宇宙を見続けることになる。これはいかにもSF的で、全くもって現実的ではない。宇宙全体が若返り、私という極小の物体1つだけが普通に時間を消化するという途方もない空想を否定するためには、やはり私の時間体感の順行性を捨てるしかないのだ。

ひょっとするとその途方もない空想の方を肯定できるという人もあるのかもしれない。しかしそれは別の場所へ移動しながら風景を眺めるという日常経験のようにして宇宙の若返りをイメージするのであり、時間についての思考ではなく、もっともらしい日常感覚をアナロジーとして使っているにすぎないのである。

私が過去にタイムリープするというとき、私が過去世界へ行くのか、私以外の全宇宙が過去へとスリップするのか、判然としない。ナンセンスという以上に、過去とは何かを決める基準が実は外にあることが必要なのではないだろうか。

この話の要点は、考えたこともない新規な出来事が場合によってはありうるということ、またそだからこそそれがあり得ないという形での批判ではない。私たちが今も普通に経験している、時間がこのように流れているという感覚が、実は錯覚であり、逆行している可能性もあるという、一種の懐疑論的仮定を認めることが、果たしてまともな思考として成立するのかという問いである。私はナンセンスだと思うが、たとえばペンローズなどは時間をエントロピーに結びつけて論じる中で、その可能性をほのめかしている（Cycles of Time その他、ほとんどの著書で同様の主張を見ることができる）。おそらく彼にとっては過去や未来の区分けなどグラフ上の軸の方向に過ぎず、気ままに往復可能なものなのだろう。その4次元的自由空間の中で、エントロピーが増大するという法則のみが時間の方向を決めると言うのだ。これは、様相の表面的記述が原理の提出であると捉える、典型的な勘違いの例である。時間の方向が決まっているからこそ、エントロピーが増大するという統計力学が成立すると、普通の感覚の持ち主なら考える。彼の説によれば現在は宇宙が膨張しつつあるからエントロピーは増大する方向にあり、もし将来収縮に転ずるようなことがあれば減少のルートに入るのだそうだ。そのとき時間の流れは逆転する。

だがそもそも膨張と言いうるのはなぜか、彼は考えたことがあるのだろうか。過去において小さく、それがより大きくなることを膨張と呼ぶ。逆を収縮という。エントロピーの流れや宇宙の4次元的な全体像を語れるのは時間の流れを日常感覚で把握しているからだ。これは笑い話ではない、と言う必要があるくらいに、彼の考えは常軌を逸している。たとえば、エントロピーが増大するとは、角砂糖という秩序をもったものが、熱いコーヒーに入れられて無秩序状態になるということだ。では、現在宇宙が膨張している状態が反転して収縮に転じたとしたら、コーヒーに溶けた砂糖が角砂糖に変化するということなのだろうか？　しかしそれは砂糖だけを抽出し成型しなおすという行為で、時間の向きとは関係なく、別の手順を踏むというだけのことではないか。

これは単なる悪口で、正しい批判とは言えないという反論もあり得ると思う。そこで、もう一段階現実的な話をする必要があるだろう。すなわち時間の逆転は考えないことにする。それは日常感覚側だけではなく、相対論内部でも実現不可能な空想話になるからだ。すると、時間の差分の振り分けにおいて、マイナスの部分は消える。

これによって何を得るのか。小さな私と宇宙すべての、どちらが過去へ向かう責任を負わされるかという二者択一は考えないでよいことになる。すなわち時間の流れが現にかくのごときものであるという感覚を持ち出す必要がなくなるのだ。相対論的時間論側に味方するつもりなら、これは大事な論争点の放棄と最初は思えるだろう。自由な4次元時空（自由とは空間だけではなく、時間についても行き来が可能であることを意味する。この自由とはもちろん意志による自由ではないので、可変的と呼ぶ方がよいのかもしれないが）の存在を前提とした立場からは、通常の時間感覚側に対して順行、逆行の理論的根拠を求める権利があると思えるからだ。ただし自由な4次元時空など認めない通常感覚の方から見て、論争する際にこの「一段階現実的なレベル」は相対論的時間感覚の側に一方的に有利な条件なのである。なぜなら、時間が現在のごとき流れの方向を持つことは動かしようのない事実であり、順行感覚は十分な論拠となり得るはずだから。なおかつ、相対論としてあり得ない仮定であるとして語る場合でも、あり得ることと連続的な理論であると、通常時間の立場からは見える。つまり時間の伸縮が可能であるとするなら、逆転は蓋然性の範疇であり、それが不可能であるのはアドホックな意見に過ぎない。相対論は、自由な4次元時空の、この自由についての制限は光速度が課すものであるとみており、それが順行、逆行の理論的根拠にもなり得ると言うのだろう。これに相当する理論はもちろん通常感覚には存在しない。そもそも相対論が示唆する形での「自由」を認めないのだ（別の形での自由、つまり主観的と片付けられてしまうような自由はもちろんあると思っている）。そこで、なるほど光速度が自由空間に区切りをもたらすことは、理屈として納得はしないが、あえて批判する材料にはしないとして、その区切りの内部では自由であるには違いない。であるなら、停止することもあると言っているに等しいわけで、その条件では時間が流れているという根本的事実を説明することができない、と考えるわけだ。すなわち時間の順行性と、よどみなく流れているという事実は説明不要の前提であると私たちは考えるが、相対論はその双方に対して理論的根拠を出す必要があるはずだ。なぜなら、部分的であれ、自由という設定を持ち込んだのだから。そしていかにもこの部分の弁明がうまく行ってないように私には思われる。双子のパラドックスが理解しがたいアポリアである核心は、実は語られない外挿の部分に私たちの感覚ではいかにしても受け入れがたいシナリオを持つからだろう。

だがこの指摘は抽象的すぎると思う人がいるかもしれない。

12　タイムパラドックスはホームで隣り合わせの列車の錯覚と同じ

……高速の宇宙船を飛ばす。私が地球に残り双子の弟がそれに乗って外宇宙を一巡りする。出発時は2人とも20歳、地球で20年待った私は再会の折に40歳、弟は30歳である。

双子のパラドックスを考慮に入れないとすると、これが一般的な話だろう。そして相対論が間違いなく否定できない事実と認める筋書きの一例だ（数字は違うという話はあり得る）。ここに時間の逆行はない。個々のものには各自の時間の流れがあり、他の系との比較により早遅が生じることになる。地球に残った私がより早く年をとるのは運動量を持たないからであり、高速度で移動する双子の弟は時間の遅れを経験するが故に私より若いままであるとされるだろう。

ところで、なぜ弟は運動系にいると見なされるのだろうか。逆に私が運動系であってもよいのではないのか。この言い換えが双子のパラドックスの焦点と言ってよいと思うのだが、実はこれは問う必要のない設問である。相対論では、そのもの自体として運動系、静止系であることに意味はないのだ。まさに相対的であるべきはずだから。ではそのときの気まぐれによって私を運動系とみてもよいし逆でもよいのだろうか。いや、これは少しニュアンスが違ってしまう。どちらでもある、と言うのが正しいのだ。あり得ると可能形で語ると、また少し違ってしまうだろう。すなわち旅が終了して再会したとき、私は弟より10歳上であり、かつ下なのだ。実際にこれを試してみたら結果としてどちらが運動系であったか判明する、ということではなく、ランダムに結果が出る、ということでもなく、何度類似の行為を繰り返そうと常に10歳上であり下でもある、という結果になるのである。わからないということとも、計算不可能ということでもない。私は10歳上であることと下であることの重ね合わせとして存在する。相対論はそう主張しているのだ。

理由は非常に簡明である。普通の、そしてもちろん正しい感覚で言えば、ある物体の動きにおける時間と空間の絡み合いは、単純に1つに決定される。しかし相対論では、兄弟のどちらの意見も採用しようとするので、必然的に2通りの時間軸が生じる。

どんな場合でも問いかけるべき絶対的な審級は光の速度だが、光が答えをもたらすことはないだろう。なぜなら、いかなる方向へ動いている者も、いかなる速度を持つ者も、光を同じ速度として見るなら、これに問うても自分の運動の様相を知ることはできないはずだからだ。絶対空間との関係はもちろん相対論が最初から拒絶しているのだから、これに頼ることもできない。では、遅れは相互的だと見なすことが正しいのだろうか。しかしそれでは旅の終わりに出会った2人に年齢差は生じない。相互的であるなら、いかなる設定も両者の時間の流れに差をつけることはできないのだから。

年齢差が生じないのに、時間の遅れだけが存在すると言うことはさすがにできないだろう。上記の2つ、光の速度と絶対空間に頼った運動量の確定法があり得ないということは、知ることができないという知識論ではなく、原理的に運動量の差が存在しないという意味だ。確定できないということですらない。

地球の方が宇宙船よりも圧倒的に巨大であり質量も大きい。従ってこちらを静止系の基準と見なす。これは一見妥当な意見のようだが、実はニュートン的な宇宙観であって、相対論内部にあってはならない考え方なのだ。それは双方を1段広いマップすなわち絶対空間の上に置いたとらえ方なのだから。しかし、おそらく相対論を信ずる学者たちにその認識はないだろう。非ユークリッド幾何学は歪みの記述にすぎないのにユークリッド幾何学と等価と見なすことは誤りである、という指摘が了解しにくいのと同断だ。当の相手よりもこちらが大きい動きをする、あるいは小さく動くということは、他に不動の基準を設定し、そこからの距離をはかることでようやく決定できる。相対論の通俗的解説書で問題にされる例はたとえば地球から宇宙船が飛び立つという動き、あるいは重力で引き合うという動きなどで、これのみに思考を集中させているとただその2者だけを見ていればよい気がする。しかし全くでたらめな動きをするひと組について、暫定的にせよ把握するには座標を仮想してやる必要があるはずではないか。座標を仮想してやるとは静止系の上に置いて眺めるということにほかならないのだ。

私たちは日常において基準点を特に意識することなく自然に設定している。動いたのが相手と自分のどちらであるか、またどの程度の速度差があるか、それを「あの電柱を基準において」とか「山の見える角度がこの程度変化する」などの厳密な計算も意識もなしに判断を下す。時間についても、自分の内的時間に問うより手持ちの時計すなわち地面に視点を置いた時間軸を信用するだろう。このような習性が、客観的視点を本来は働かせてはならないはずの場面で（つまり相対論の内部で）自然に適用されてしまっている。

相対論の前提では、すべての微小な場所がそれぞれほかの微小な場所との関係によって、空間的な位置や時間を独立で決定するわけなので、宇宙は全体的な塊ではないことになる。すなわち、宇宙にみっちりと時計を充満させても、それぞれが独立の時を刻むのであり、時間は他の時計との関係で決まる。これが意味するのは、一定の空間を切り取って大きな図面を広げるような系として扱うことはできないということだ。

だがそれは原則論であって、何らかの定義によって静止系とか、それに類する部分的な塊とするような考え方はあるのだろうか。この空間が絶対的であること、すなわち宇宙の全体に対して意味ある位置を持つということは否定されるにしても、空間を切り取ることは可能であって、それを座標と見なすことはさすがに可能らしく、ひとまずは思われる。宇宙の全体に対して意味ある位置を持つこと、とはニュートン空間が誤ってそう信じられていたことであり、その否定をスローガンとして解釈するなら相対論の意見が正しいのかもしれない。では、その過ちにもかかわらずニュートン力学が全体として整合的であるように、部分の正しさだけで相対論にも十分適用可能ということはあり得るのだろうか。

以下に書くことは、第1部の10「真の相対性は絶対時空間でのみ実現される」で展開したことに少し重なる。わずらわしさを感じる人もあるかと思うが、あちらは空間の相対性をどうとらえるかということであり、その点に誤解を持つと時間の理解も混乱するということを改めて述べたい。

とある駅に列車が隣り合わせに停車しているとする。太郎と花子はこの町で落ち合って今別れるところであり、それぞれが反対の方向へ帰るつもりで窓際どうしに座り、アイコンタクトだけで最後の挨拶を交わしている。と、やおら動き出した。加速度を体感しないということはないだろうから、絶え間なく出入りする他の列車が引き起こす振動や駅の雑踏ぶりによって気づきにくかったとしよう。あとは非常になめらかに加速したのでどちらが動いたかはわからない。両者ともに自分が発車したと思っていた。ところが、お互いがすっかり離れた後、太郎は自分の乗った列車のみがまだホームにいることを知った。

最初は1対1の関係であるから運動については完全に相対的であり、どちらが動いたのかわからないということでそれが表現されている。もしこの相対性が結論であるなら、時間の遅れも相互的だろう。次に、駅の状態を見て、残ったのが自分であることを知った。このとき地上の視点を得たのである。片や、花子は窓外に流れる風景によって動いたのが自分であることを知る。これも地面に視点を定位することによって自分の動きを推理するのだ。では、この時点での時間の流れは、花子のみ遅くなるということだろう。もちろんこれは知識を得たから変化するということではなくて、その時々の暫定的な結論を出しておくにすぎない。地球に残る兄と宇宙船で移動する弟という、ステレオタイプなパラドックスストーリーにおける、運動系は宇宙船の方であるという感覚は、地上の風景との対比で決めるというこのときの類比形であり、ごく普通の日常的判断だ。しかし1つ気づくことがある。地上の視点を選ぶとき、人は「どちらも動いていたと思ったのは勘違いであった」として、初めの意見を訂正する。完全に間違いであるのではなく、列車の車中ではそう信じたことにも理由があると思うのだから、全く捨て去るわけではないが、しかし地上の視点に対し従属的であると考える。しかし相対論では、あくまで車中の視点にこだわり、相手が動いたことと自分が動いたことは等価値であると言い、なおかつ相手の時間が遅れると言うのだ。それでありながら、宇宙船に乗った弟が運動系であるという日常的視点でパラドックスを語る。

ここにあるのは強固な先入観であって、それは最初から繰り返しているように、暫定的な地上の視点が絶対空間を支持するという勘違いであり、ニュートン空間であろうが相対論的時空であろうが共有するものだ。これに対しては、どちらの側からも反論がくるかもしれない。そういう意味で絶対空間と呼ぶのではない、と。部分的な空間と全体は同じ形式を持つ。なおかつ全体の一部であると認識するのだから、その延長として理解するだろう。であるなら、部分的認識とは絶対空間の中のひとかけらのことを指すのであり、ほぼ同一視することに何の問題があるのかということになる。これがニュートン的理解の方の意見だろうか。それに対しては2つの答えがあると思う。視点の移動は根本的な変化である、ということが1つ、全体の部分であるという指摘があるとき、全体とは何かが本当のところは明らかではない、ということが2つ目だ。

まず2つ目について考えてみる方がわかりやすいだろう。太郎は自分の乗った列車の方が駅に残っていることを知る。実はこれは地球の話ではなく、自転も公転もとてつもなく緩慢なある惑星での出来事だ。花子の乗った列車の進み方はちょうど惑星の自転の反対向きにぴったり合っていて、惑星外から見るとまるで彼女の方が固定されており、太郎の乗った列車をへばりつかせたままの惑星の方が回転しているように見えないでもない。つまり動いているのはむしろ太郎の方であるように見える。惑星の質量を改めて問題にしたいのであれば、この惑星系の太陽の中心から延ばした線上にたまたま花子の列車がとどまり続けていたことにすればよいだろう。この時点での結論は、静止しているのは花子であり、太郎の時間の流れが遅くなる。

もちろんこれが最終的な判断ではあり得ないことはすぐに察せられるところだ。この惑星系は銀河系の腕の大きな1つ、ペルセウス腕の中の小さな散開星団に属している。その散開星団の重心に対して運動状態にあるのは花子であることが判明する。しかし銀河系全体に対してはむしろ彼女が静止状態にあるのだ。もちろん、どちらかが静止状態にあるとすることはあまりにできすぎた話で、両方移動状態にあり、その中でどちらの動きが大きいかという形の方が多少でも真実味があったかもしれない。単にわかりやすさから選んだ表現だった。

この循環はどこまで続くのか。少なくとも1つ言えるのは、宇宙全体に対して太郎と花子のどちらがより大きな運動状態にあるかという問いはナンセンスであるということだろう。全体を見ることなくその答えを出せるということが絶対空間の意味であろうと思われるが、運動は系の切り取り方によって常に相対的なのだ。

「根本的」とは単なる形容に過ぎないので、視点の移動について語る1つ目は消極的な意見になる。少なくともこの場の議論に理論的な寄与を持つものではない。相対論側がこれを理由にニュートン式空間に文句を言うとき、私たちは何かしらの説得力がある気がするという、その程度だ。しかしながら、視点の移動は根本的な思考改変であるということは、太郎と花子のどちらが動いたのかという問いに対する答えの出しにくさに現れているのかもしれない。

ところで、通俗的解説書のタイムパラドックスの項で使われる例はどちらが運動系であるかが先入観として読者に刻みつけられやすい話になっている。これは、その話を信じてしまう側も無思慮ではあるのだが、話者の錯誤によるものであることは明らかだろう。と言うのも、自分の属する系に対抗する系は、もし相対論を信じるなら単一の記述を許さないはずなのだ。相対論の提示する系に対する考え方は、見かけ上は1対1だが、事実上は1対無限の変数である。1対いくつか、ですらない。それは多数の宇宙船から私の時間を評価する例や、あまたの銀河から見て私たちの銀河系の速度を推定することや、さらには光時計の有効である方向と機能しない方向の対比など、あらゆる場面で出くわす錯誤の一例だ。すなわち、視点を地球に残る側における乗務者の系が、乗る方であれば地球側が、ニュートン力学的な単一的思考法で把握されているということなのだ。もちろんニュートン力学ならそれでよいのであって、私から見た私と、彼から見た私は同じパラメータを持つという前提が等価であることを保証する。しかし相対論は彼の見る私と私の見る私は違うと言う。なんとなく、支持したくなるような設定だが、もしこの人数を増やしていった場合、私は誰の視点をもとに考えたらよいのだろうか。

たとえば私の時間が0から無限大まで自在に変化できる理論はナンセンスなので

あって、云々の量であると確定させたうえで論じることが科学ではないのか。確定させるとは、真実を言うことであるなどと考え込む必要はなく、意味ある話を複数人でかわすための最低限の約束事であるにすぎない。

先に10光年の距離を光の４／５の速度で飛来する粒子の例を挙げたが、相対論の計算に従うならこの距離は６光年であり、そこを7.5年かけて飛んでくる。ミンコフスキー空間において、驚くべきことにたいていの飛来物は光よりも早く地球に到来するのだ。アンドロメダ大星雲まで２３０億光年として、超高速の宇宙船を使えば大いに時間を短縮し、さほど年を取らずに行ける、などという解説を見たことがあると思う。ならばあちらからくる場合も同じであるはずなのだ。

なぜこのような不合理な主張がなされるのか。実はこの計算では光にとってこの距離は０なのであり、移動時間もしたがって０なのだ。そういう仮定を置いて、その中である速度を持ったものがいかなる運動をするかということを考えるのが、この計算の（話者にとって不用意であるという意味で、意図されない）意味である。ただしリゲルまでの距離も０であり、亜鈴星雲までの距離も０であり、ケンタウルス座オメガやクエーサーまでの距離も０とみなされ、いずれも光にとっての到達時間は０なのだ。

１つ言い添えると、もし個々の事例について考えるなら、その計算自体には多少意味があるのかもしれない。ただし、それらを１つの空間内に定位し、まとめて論じることはできないだろう。いかなる理由があるにせよ、クエーサーも太陽も、ましてや隣の家までも同じ距離であるとみなさざるを得ないような計算式が正しいということはありえない。

あるクエーサーならクエーサー、リゲルならリゲルについて、相対論の考え方で光の行き来と宇宙船の行き来を比較すること自体は意味がないわけではない、とは、いうなればそれを閉じた1次元空間とみなすということだ。それがかりそめにも現実の空間内に定位され、認識の対象となるには、つまりほかの1次元空間との関係を論じるためには、すべてがまともな3次元空間の中におかれ、130億光年であるとか、たとえばリゲルなら800光年であるとかの有意義な量を与えられ、かつ相互の位置が決まらなければならない。それはミンコフスキー空間を理解する私たちの頭の中の作業であり、表には出ないから科学者はないものとみなしているのかもしれないが、間違いなく実行されている。

13　多世界解釈をどう考えるか

多世界解釈は元をたどれば量子論をマクロ的な現実と滑らかにつなぐために編み出された、いわば弥縫策《びほう》であったようだ。ところがその量子論は、そもそもの成立時点で、相対論をベースにした「場の理論」を取り入れてしまっている。それがどの程度の汚染をもたらしたのかは、ここで論じ切ることは困難かもしれない。したがって、以下に語るいかなる概念も、エヴァレット三世の考案になる量子論的な多世界解釈に影響をうけたニュアンスを持たず、純粋に相対論内部での話になる、としておくことが妥当だと思われる。即ち、私の意見が万に一つ正しいとしても量子論的な多世界解釈への反論にはならないし、そのような要素があるとしても偶然の結果である、という前提にしておくことがよいと思われる。

相対論では量子論と類似した議論がいくつか存在する。それはあたかもすでに正しさの保証された量子論をなぞることで問答無用にこの理論の正しさを印象付けるやり方ではあるが、わずかの検討でこちらの多世界解釈は成立しそうにないことが明らかになる。そもそも、量子論がこのようなアクロバティックな理論を生む必要に駆られた、マクロ世界とミクロ世界の断裂は、相対論に存在しない。

なお、すでに正しさの証明された量子論、という書き方をしてしまったが、私自身はそうは思っていない。しかし相対論に批判的な書物を見まわしたところ、量子論に肯定的である場合がかなり目立った。憂慮すべき状況ではあると思う。そもそも、マクロ対ミクロの矛盾とは言うが、早い話が理論上の矛盾なのであり、それを「世界がそういう構造である」と言ってしまうのは、単なるごまかしの手段ではないか。もう1点考えるべきは、量子論が多世界解釈にまで言及せざるを得ない理由が、早い段階で相対論を入れてしまったからではないかということなのだ。しかしとりあえずその点は、今は問題にしない。

相対論は多元的宇宙を認めることで成立する。こう述べることへの、いちばんの抵抗は、相対論はもっと現実的な理論であるという人々の先入観だろう。そしてその次に多世界解釈のどこが悪いのかという反論もあり得るのかと思う。様々な、主としてエンターテインメントを通じて多世界解釈は極めて通俗的な形で理解されており、その形では誰にせよ受け入れるのに困難は感じないだろう。今、通俗的な形と書いたが、では通俗的ではない形がありうるのかと言うと、そういうことでもない。

多世界解釈をたとえエンターテインメント風味を排してまじめに語ったところで所詮は空想科学小説的把握以上のものにはなるはずもなく、残念ながらこれを支持する学者たちの誰もが全く事実を理解できていないように思う。私はいくつかの例によってすでに示唆してきたつもりだ。リゲルまでの距離は800光年だった。しかし地球とリゲルのあいだを横断する移動体に乗った人の視点では、その移動体の速度次第で距離は変わる。たびたび述べてきたように、たった1人の他者を想定して「彼の視点では500光年である」というような語り方をされると、この考え方に何かしら意義があるように思えてしまう。しかし他者の視点が無限に多様でありうるのだとしたら、他者の視点で割り出した距離になどなんの意味もないのだ。

これが多世界解釈とどういう関係があるのか。そのような疑問があるかもしれない。

すべての間違いの根源は相対論が1次元的の思考形態であることなのだ。私がある対象を1次元的にとらえるとき、これを現実的な姿で復元するには幾多の重ね合わせが必要だろう。どんなものでも多方向から見るべきであるという教科書的な原則論とこれは違う。ここで現実的とは最低限の日常感覚で見る程度に復元するという含みである。遠くにいるので小さく見える人、あるいは早く動いているので人間の形に見えない人も、近づいてじっくり見るなら自分とさほど変わりない姿であることがわかる。いろいろな見え方は、あるいは表面的な矛盾を含むかもしれない。ではその矛盾は別の存在を、あるいは別の世界を設定することを要求するのだろうか。そうであるならば間違っているのは理論の方なのだ。現実とは矛盾するかもしれないいくつかの見方による複合体だから。相対論による計算が見せてくれる結果は、「いろいろな見え方」の1つにすぎない。この1個の情報をもとに現実の像を復元することは無理だと思われる。

何度も同じ例を引くのは恐縮の限りなのだが、10光年の距離を光の4／5の速度で飛来する物体は6光年の距離を7年半かけて移動するのだ。ではこの時点で目的地まで10光年と6光年という2通りの世界が存在することになるのか。相対論はそれを肯定する。しかしこの6光年という距離を割り出した時空の結びつきによって、他の場所を見ることはできない。

多世界解釈を支持する人というのは、常に、いくつかの選択肢の存在として世界をとらえているのだと思われる。しかし分岐は無限に存在する。「1つの選択肢」と思えるものの中に、無限の多様性がありうるのだ。さらに、分岐となるべき時点も、無限の数だけ存在する。もちろんそんなことで論者がひるむはずはないが、それはひとつには「選択肢」「分岐」という言葉の心理的なニュアンスのせいであると思われる。つまりこのことばで選ばれたルートは理にかなったものであるという含意があるからだ。片や「確率」と呼称した場合のもう一方は、自由意志による別の選択があり得たという、全く異なる根拠によるものとしても。この感覚を抱くと、分岐が無限にあることに気づけなくなる。しかしこの感覚の方が間違っていることは明らかだ。

例えば通俗的な選択分岐型ゲームや、タイムリープアニメのごとき内容で、人々は多世界を理解しているのであり、学者といえども思考レベルに違いはない。つまりあるイベントに直面して、その後どう進むのかという選択が来るのだ。選択は自分の意志によるのかもしれないし、どうにもならない他律的な要因に左右されるかもしれない。しかしどちらにせよ大樹が枝葉を伸ばす如く、あるいは進化の系統図のごとく無数に枝わかれしてゆくのである。

しかし分節点となるべきイベントなど存在しないと私は主張したいと思う。それは後付けで恣意的に切り取った一断片にすぎず、前後と切り離して独立の存在を持つことはない。イベントというものが人間的感情による創出物なのであって、この意味では世界は何事もなく平坦に経過してゆく。すなわち、たとえば惑星に大きな岩塊が衝突することがあったとして、本当は衝突する前の長い平穏な期間のどこを切り取っても世界にとっては衝突の瞬間と変わりのないイベントとしての瞬間でありうるのだ。そしてまた、私たちは惑星と岩塊という2つの空間占有物に特異な意味を見出しがちだが、そこを外した、何もない虚無の空間が重要なのかもしれない。そういう感じ方をする生物がいるかも知れないではないか。

まず、自由意志は存在しない、ということを言いたいわけではないことは理解してもらわねばならない。もちろん自由意志の存在を否定できるなら、選択肢と思えていたものが実はそうではなかったということになるので、可能世界のいくつかは消えるだろう。だからと言って、1つを残してすべてが消去できる、などと言うつもりはない。あってもなくても関係ないのだ。私たちが有意味にできることが選択肢として認識され、それ以外が無視されるわけだが、これが正しいと言えるためには私たちが世界の理法をことごとく把握できているという前提が必要なのである。これはあるいは言い過ぎかもしれないが、世界についての知識が増えるごとに他律的な可能性も自律的なそれも増加するのは間違いないことであって、自律的な方はともかく、他律的な部分について私たちの知識とは別に、すでに可能性として存在しているものだろう。

この点での議論はあり得る。新たな知識が得られるまで、その知識に基づく可能性はあり得ないというものだ。しかし新たな知識が得られる可能性は、予測不可能なものであり、これ自体が無限の選択肢となりえる。現代においては、空間的思考における極小から極大までに及ぶ似たパターンの再現、時間的思考における進化論など、あたかも創出性の部分まで科学的に理解可能な装いの理論があふれかえっているが、それらはすべてアナロジーの一種であり、世界を総体として科学的に把握できるという満足感を人に与えるものではあるが、すべて後付けのもっともらしさを説得力としているにすぎない。世界はこの瞬間にも全く新しい、以前にはなかった何かを創出し続けており、それは以前にあったこととどこか似たパターンで認識されるとしても、全く同じではありえないのだ。人はマンデルブロー集合の図が単純な式からどこまでも複雑化してゆく様子を見て驚嘆するが、どんなに複雑化しても、開始時点で3次元にすることを意図しない限り3次元の存在になりはしないし、いつの瞬間からか生命を持つということもない。つまり人々が称賛するほど複雑な代物ではないのだ。計算できるということは予測が可能ということであって、人知の及ばぬ不可思議が現出したような態度は素人を威嚇する小芝居であると同時に、願望の見せる幻影でもあろうか。しかしいかに入り組んでいるとはいえ、たかが平面図ごときに宇宙の神秘が顕現しているかのような態度への同調を強要する科学者たちの態度はいかがなものかと思うのみだ。

すでに指摘した通り相対論でいくつかの解がある場合に、それは解の数だけの世界、別の存在があるのではなく、重ね合わせの存在と理解されねばならない。この時、いくつかの重ね合わせと考えるから、私たちの体験が全く単独のものであり、重ね合わせとは無縁であることが理屈で回避できるような気がする。しかし重ね合わせはいかなる場合にも無限の選択肢の重ね合わせなのだ。もともと厄介な矛盾なり、理論的な破綻があるから平行世界という解決に逃げるのだろう。平行世界が数個程度ならば縋《すが》ってみることも悪い選択ではないかもしれない。しかし無限の数となると、この固定された1つの世界で合理的な解決を探ることと、無限にある選択肢の連続の中からなぜこの私の世界だけが体験されるのかという問いへの答えとは、単純に数字を比べるという意味での合理性において選ぶ余地があるものとは思えない。多世界解釈を必要とする理論はたいていの場合語り口によって選択肢が有限であるかのように装われていたので、多少とも説得力があるような気がしていただけのことである。付け加えて言うなら、後者は原理的に回答できない問いではないだろうか。前者は「現にこうである」を確認するために「こうではない場合」を想定する方法を探ることができるが、後者は「私は現にこの世界を生きている」と何の根拠もなく言うほかない。間違っているという証明はできないので、主張を押し通すことは可能だが、理論にはならないのだ。

ところで、相対論をもっともらしく装う方法論の1つは、全く同質の選択肢を持ち出して、どちらかを選ぶ積極的な理由がないという形だった。思考がこの形にはまり込むよう順序良く自らを誘導してきた場合、積極的な反論は思いつきにくいかもしれない。シリウスまでの距離は飛来物の速度によって5光年かもしれないし、8光年かもしれない。ここで二者択一を迫るなら、確かに迷うしかない。地球に据え付けた観測機器で測った10光年足らずという数値、もしくはありえないことだろうがシリウス系の住人が出した数字がこれらと並べられるとき、錯覚が始まる。飛来物の視点に立った宇宙像を私たちは描くことができない。できそうに思えるができないということは、ミンコフスキー空間が全面的にデカルト座標に依拠した概念しか提出できないことに表れている。つまり私たちは静止座標の上に動く物体を置く形でしか宇宙論を組み立てられないのであり、相対論は静止座標を宇宙全体に広げることは原理的に不可能であると、全く見当違いの意見を不遜にも言うわけだが、それが可能であることは時計合わせが可能であることからも明らかなのだ。

相対論が導く多世界解釈の真の問題点は、多世界の理屈への一般的な反論からは見えてこない。たとえば私の乗る100メートルの宇宙船を50メートルと認識する別の宇宙船があるとして、それだけを考えるなら単純な重ね合わせだが、30メートルや70メートルと認識する運動体が宇宙には必ず存在する。ここでも重ね合わせは無限の数だけ存在するのであって、二者択一などではない。また、たとえば時計がいびつに見えるときの見え方はさまざまだが、これも無限にある。その見え方ひとつずつに多世界をあてがう必要があるとは、もしまともな語り方で事実が描写されるなら、誰も思うはずがない。つまりそれは10円玉を種々の方向から見て、極めて薄い長方形に見えたり真円に見えたりすることと同様の、視点を変えれば違う形に見えるということのバリエーションにすぎないのだから。

では10円玉が真円に見えるということの、相対論的な意味とは何だろうか。1つの視点に固定して、見ることのできる形を1つの世界として提示することだ。私の乗る100メートルの宇宙船を50メートルと認識する運動体も、30メートルと認識する運動体も、「仮に私がそのような宇宙船に乗って、今私のいる宇宙船を眺めることができたら、その通りの認識もあり得るだろう」と言うことができる。これは全く日常的な言語使用であり、かつ日常的な意味で理解しうるのであり、別の世界である必要はない。なぜならどのように見えようとも、私の乗る宇宙船が100メートルであることを私は知っているからだ。そこを、実際にすれ違う宇宙船を持ち出して、彼は私の乗った方を30メートルと認識する、という形で論じるのが相対論の特異なエクリチュールであった。この語りの幻惑的な効果によって誰もが騙される、ということが単純なあらましだ。つまり、10円玉の見え方それぞれに応じた「別世界」が存在すると乱暴に言い張るのが相対論の実体である。タイムパラドックスはその見え方の違いを無理にパラドックスに仕立てている茶番にすぎない。

同様に、相対論を展開する文脈の中でいろいろな時間の遅れ方が語られるだろうが、単純極まりない可能性の問題に過ぎない。可能性の問題とは、もし私がこのようにふるまうなら、あるいは相手の立場だったら、現実はこのように見えていた、あるいはこのように変わっていた、と論じることだ。これはこの世界が持つ可能性であって、他世界のそれではない。そして、私と世界の関係によって開示されるものであり、存在論的ではなく、認識論的な事実である。平たく言うなら、あえて他世界を要求しなければならないような代物ではない。

ところで、短く見えるということは見え方の問題であり、相手方の情報を伝える光の速度が有限であることを加味するなら、当たり前の現実として認められる。時間が延びるとはものそのものについての記述になるので、本来ならば字義通りに受け取ることはできない。タイムパラドックスは論じられるが、物理的なパラドックスが論じられることはないということと軌を一にしており、相対論に基づく言説がいかに種々の先入観によって支配されているかを示すものである。言うまでもなく相対論では2つのことがあいまいなままにされているので、区別がつかないのだ。

結論。多世界解釈は言葉の構造から出来上がるものであって、世界が本来持つ性質ではない。言葉が数式に置き換わっている場合に、誤解が拡大される恐れが大きくなる。「世界はこのようなものである」という言明に私たちはそれほど戸惑うことはない。間違っていれば指摘するし、部分的に正しい時にはそのように受け止める。言明が数式であるとき、論理的な正否が決定できるものと私たちはみなすだろう。もちろんこの場合に境界条件を求めるはずだが、相対論はおおむね宇宙論として出されているため、私たちは宇宙のすべての部分にかかるものと思わされている。しかしながらこの理論の実情を言うなら、1つの視点と1つの運動体とにおける、閉じた1次元の空間でのみ正しいのだ。したがって本来は必要のないところで別の世界を持ち出すのだが、それは別の視点による解にすぎない。

そして、選択肢とは私が有意味にできることであり、意味は、あくまで科学の場にとどまるつもりなら、客観的世界には属さないものである。端折った言い方をするなら、多世界解釈とはいくつかの空想物語を編むということになるのではないだろうか。物語とは、世界を意味の連鎖によって理解することである。客観的事実に本来そなわった意味というものはない。人間が作るストーリーによって意味が生じるのだ。

相対論が間違っているとして、いや、間違っているに決まっているではないかと私は論じてきたわけだが、一応謙虚に仮定法として考えてみることにして、何が変わるのか。

わかりやすいところで、ビッグバンとブラックホールが否定される。ビッグバン理論が否定されたからと言って、宇宙が永劫の昔から存在していたとはすぐに言えないわけではあるが、少なくとも1つの重要な妥当性として論じることができるようになる。

また、無限小の1点が拡大したという世界観では、現在も拡大中とされており、その空間的な大きさは当然ながら限られたものになるが、これも、無限の広さという観念で語る余地が生じる。つまり、時間的にも空間的にも無限の広がりを持つことを、私たちは当たり前の前提とすることが可能になる。

ビッグバン否定に関しては、異論のある人もあるだろう。なぜならその根拠は遠い銀河の赤方偏移《せきほうへんい》にあるからだ。赤方偏移とは、遠くの銀河からの光が全体として赤い方にずれることを指す。遠ざかる救急車のサイレンの音が低く聞こえるように、この赤方偏移が遠くの銀河ほど高速で遠ざかることを示している。この衝撃的な発見が相対論とうまく合致した。それ以来ビッグバンが常識となった。しかし実は、宇宙が広がるということ以外にも、いくつかの仮説がこの赤方偏移には成り立つとされている。それらは相対論の権威に押されて、全く顧みられない状況となった。しかしその相対論が真理ではないとするなら、ビッグバン理論の骨子である、空間自体が膨らむというシナリオは完璧に否定されなければならない。十分に見直すべき段階ではないか。そもそも、誰に対しても、相対速度を含む光の性質が一定でなければならないとしたら、赤方偏移は原理的に起きよう筈がない。それでも起きるのだと言い張るからには、そのあたりの考え方はあまり信用できないいい加減なものだと思った方がよい。私は、あまりにくだらないと思う。

ビッグバンは再考されるべきである、と言うよりも否定されるべきである。これは単純に科学のみにとらわれた見方をするなら、そういう知識の変化があった、と言うにとどまるが、私たちの人生観や宗教的意識に、想像以上の変化をもたらしうる、大きな違いになると思う。

ところで、ここにきてまた1つばかなことを言い出すやつと思われかねないが、私は現代科学を支える3つのドグマ、相対性理論、量子論、進化論は、どれもすべて根本的に間違っていると思っている。今頃こんな主張をする人間はとてつもない学識の足りない人間、もしくは狂人とされるだろう。いや、現代なら炎上覚悟のパフォーマンス野郎というレッテルもあるか。

医学や動物生態学などが正しいのは日常的な視点の範囲でとらえきれている限りでそうなのであって、進化論まで行くと空想としか言いようがなくなる(と思っている)。また、分子や原子という小さなパーツの集合が私たちの接する現実を構成しているのではなく、日常をある分析的手法で解析した結果がそういう仮想的な要素の存在を要求するのである。

この優先順位を間違えるべきではない。突飛な話になるようだが、たとえば、現前性が欠けていることこそが近代以降の哲学の特徴である。それは世界を論理学的構造によって理解するからだ。論理学的であることの意味は、ある論理を全く等価の別の論理によって言い換えることができるということが積極的な原理であるということだ。つまりそれは現前性がないということであって、わかりやすく言うなら、現実を幻想と言ってのけることが可能な、(映画の)マトリックス的世界観を支持するということである。もちろんそれに反する動きは何度か起こっている。

しかしその大元は、科学的世界観ということになりはしないか。数学的に再構築でき、計量可能なものだけが世界の成分である。そういう世界観のことだ。科学全般がそういうものだと言いたいわけではない。ただし科学的手法に過ぎない計量を世界観にまで広げると、どうしても行き過ぎが混じる。身近なものを扱う限り、それはモデルに過ぎないということは結構強く自覚される。ところが遠くを語ると、モデルそのものを世界と取り違える行き過ぎはなぜか必然となってしまうようだ。

数理的理解は、無数に存在する等価関係の連環であり、これがこれである理由が特にないというところに行き着くほかはないように思われる。それは多世界解釈の例が示すように、この現実が私たちにとって唯一の現実であることには特に理由がなく、無数にある世界の1つに、たまたま私たちがいる、ということになる。つまり偶然が先にあり、そのうえでしか必然性を語れない世界である。しかし世界は無数に分岐しない。現実が現実であることは、科学的手法では絶対に語れない正しさがある。

もう1つ。とても変なことを言い出すようだが、相対論が科学の中心であったことは、カントールの実無限の考え方が数学の基礎概念であることの、正確な反映であったのかもしれない。それを一言であらわせば、無限を記号として扱うことにより、コンパクト化する思想である。

無限論については、ようやくいくつかの注目すべき反論が出てきたが（いや、カントールの時代からすでに反論はあったわけだが）、残念ながら一般的に認知されていない。

私も自らの非才を顧みず、少しずつ勉強している状態だが、数学内部で無限論が正しいとか無理筋であるとか結論を出せる自信はない。ただ、さすがに数学的事実と科学的事実の分離が必要ではないかという気は、素人ながらにする。これは意外に思うかもしれないが、むしろ反相対論の側の戦略として、そういう認識が必要だと考える。つまりいくつかの書物をざっと見た限りで、相対論が依拠する実無限は間違っている、したがってカントールの集合論も間違っている、という論法が散見される。しかしそれは、数学は事実についての正確な言及である必要がある、という別の道徳律を巻き込むものだ。

数学はそれ自体の論法で進む権利があるのかもしれない。数学は科学ではないということは、むしろ哲学的な立場が明快に理解すべきところだ。それによって、数学に過剰に寄りそう高次元、時空のゆがみ、コンパクトな無限すなわちブラックホールなどの非現実性が強く理解される。

最近、新書形式の宇宙論を読んでいて、時空が無限に広がるなんてことを信じてるやつはばかに見える、というニュアンスの記述を読み、いや、ばかはお前だろう、と言い返したくなった。時空の無限を否定しておいて、無限に分岐するマルチバース、無限大の重力を持つ無限小の1点、無限大までの高次元の存在を語る。この自己認識の欠如ぶりはどうしたことか。数学的手法に頼らずとも、これら2通りの、すなわち相対論が小ばかにして排除するタイプの無限と、容認するタイプの無限、それぞれの無限の性質について論じる道は、確かにあるものと思われる。

気軽に操作可能なコンパクト化された「無限」、これが思考の基礎にある限り、相対論への信仰はとまることがないのかもしれない。

科学技術の成功と、科学的世界観の正しさは直接に結びつかない。進化論、量子論、相対論、とりあえず、こんな小難しい思考の巨塔を3つも、いっぺんに駆け上がるのは無理だろうから、相対論に絞って論じてみようと思った。蟻の一穴にさえならぬことは承知の上である。

参考文献

アルバート・アインシュタイン　『アインシュタイン選集1―特殊相対性理論・量子論・ブラウン運動―』　湯川秀樹 監修　井上健／谷川安孝／中村誠太郎 訳　共立出版株式会社　１９７１年

アルバート・アインシュタイン　『アインシュタイン選集2―一般相対性理論および統一場理論―』　湯川秀樹 監修　内山龍雄 訳　共立出版株式会社　１９７０年

アルバート・アインシュタイン　『相対性理論』　内山龍雄 訳　岩波書店　１９８８年

セルゲイ・ニコラエヴィッチ・アルテハ『物理学の根拠（批判的な眼差し）相対性理論の基礎に対する批判』第３版 増補版　吉田正友 訳（ネットに公開されている）　２０１９年

ブライアン・グリーン　『隠れていた宇宙』（上・下）　竹内薫 監修　大田直子 訳　早川書房（文庫版）　２０１３年

松田卓也／木下篤哉　『相対論の正しい間違え方（パリティブックス）』　丸善出版　２００１年

山田克哉　『$E=mc^2$のからくり　エネルギーと質量はなぜ「等しい」のか』講談社ブルーバックス　２０１８年

ヘルマン・ワイル　『空間・時間・物質』（上・下）　内山龍雄 訳　筑摩書房（ちくま学芸文庫）　２００７年

Roger Penrose “Cycles of Time: An Extraordinary New View of the Universe” Vintage（邦

訳なし）　２０１０年
リサ・ランドール『ワープする宇宙　５次元時空の謎を解く』向山信治／塩原通緒　訳　ＮＨＫ出版　２００７年
スティーヴン・Ｗ・ホーキング『ホーキング、宇宙を語る』林一　訳　早川書房（文庫）１９８９年
ロジャー・ペンローズ『皇帝の新しい心』林一　訳　みすず書房　１９９４年
ガリレオ・ガリレイ『天文対話』（上・下）青木靖三　訳　岩波文庫　１９５９年
イマヌエル・カント『純粋理性批判』（７分冊）中山元　訳　光文社古典新訳文庫　２０１２年
Ｇ・Ｗ・Ｆ・ヘーゲル『精神現象学』（上・下）熊野純彦　訳　ちくま学芸文庫　２０１８年
ハイデガー『存在と時間』（４分冊）熊野純彦　訳　岩波文庫　２０１３年
ヒューム『人性論』土岐邦夫／小西嘉四郎　訳　中央公論新社　２０１０年
ヴィトゲンシュタイン『論理哲学論考』丘沢静也　訳　光文社古典新訳文庫　２０１４年
ソール・Ａ・クリプキ『名指しと必然性―様相の形而上学と心身問題』八木沢敬／野家啓一　訳　産業図書　１９８５年

千代島雅『アインシュタイン「双子のパラドックス」の終焉―「光・時間の遅れ・宇宙空間」その衝撃の考察(Shocking science)』徳間書店　1999年
野矢茂樹『無限論の教室』講談社現代新書　1998年

※分冊のものは完結した年

〈著者紹介〉
佐藤淳（さとう じゅん）
宮崎県生まれ。特に誇れる経歴はなし。高齢の無力な独居者として、これからうろたえながら生きてゆくのだろう。